鉱物《いし》語り

エピソードで読むきれいな石の本

藤浦 淳
Fujiura Jun

JN223496

創元社

はじめに

鉱物を収集して鑑賞する趣味も随分とメジャーになってきたようで、近年はたくさんの図鑑や写真集などが出版されています。どれも興味深く、またとても美しいのですが、鉱物にもっともっといろいろな角度から光を当ててその素晴らしさ、面白さ、不思議さを表現できないかと思っていました。

鉱物は私たちの生活になくてはならないものです。鉱物がなければ家も建たないし、鉄道も自動車も、いやそもそも地球そのものが成り立たない、そんな存在です。そのことを少しでも多くの人に伝えたくてパソコンを開き、鉱物にまつわるエピソードを綴ってみました。

5つのテーマに分かれた計50のお話に、それぞれ5、6種の鉱物を登場させています。エピソードには、自然科学的な視点だけでなく、社会科学的、文学的、歴史的な視点などを欲張って詰め込んであります。化学成分などによる分類ではありませんので、自然科学系の図鑑や本に慣れた方は「そうくる？」と感じられるかもしれません。それでも「人と鉱物の関わり」を大きなテーマとして、できるだけわかりやすい言葉を使って、小・中学生の方々にも夏休みの自由研究や調べ学習の参考にしてもらえるような本にしたつもりです。

本書のベースになっているのは、30年間記者として勤めた産経新聞大阪本社で夕刊に連載していた記事「宝の石図鑑」（２０１２～１９）です。この連載は、私が小学6年生から趣味で続けている鉱物採集・収集のコレクション標本と、２００6年に地元の大阪府貝塚市立自然遊学館に寄贈した標本を主体として撮影した写真にコラムを添えたもので、約２００種・２３８編になりました。

連載には災害や公害と鉱物の関わり、世界各地の神話や日本の古典文学、そして鉱物研究に功績のあった人々への賛歌、産地への畏敬の念や要望から時事問題まで、本当にたくさんの分野にわたって情報を収集し、調べて書いてきました。時には採集で見つけた〝取って出し〟の標本や、京都や東京の標本店で購入した標本も使いました。

しかし今回単行本に収録するにあたり、よりじっくりと鉱物のエピソードを楽しめるようにと文量を大幅に増やして書き直し、また写真もすべて撮り直しました。当時、新聞の連載を読んでくださっていた方にも、新鮮な情報をお届けできるものと思います。鉱物にまつわるエピソードを通じて、ひとりでも多くの人が、地球や地質、歴史や文化に興味を持ってくれれば幸いです。

藤浦淳

✣ 鉱物語り　目次

第1章

名前をめぐるストーリー

第2章 フィールドのみやげ話

第3章 文化の裏に鉱物あり

第4章 研究者と産地に敬意を

第5章

十石十色

✣本書の見方

【鉱物のデータについて】

● **硬度**……鉱物の傷つきにくさの尺度です。1～10の数字とそれぞれ基準となる物質で示されます。数が大きくなるほど傷つきにくく、もっとも傷つきにくいダイヤモンドが硬度10です。

● **へき開**……鉱物には一定の方向に割れやすい性質があり、割れやすい順に完全・明瞭・不明瞭・なしと分類されます。傷つきにくいダイヤモンドも、へき開が完全なので、ある方向からの衝撃には弱いのです。

● **光沢**……鉱物の輝きを、絹やガラス、金属などに例えて表現します。輝き方は、特にフィールドでの判別には大切です。

● **名前の由来**……英名の由来について書いています。

【標本について】

● 写真キャプションに示している大きさは、断りがなければ写真の左右幅の概数です。写真は拡大して撮っていますので、実物の鉱物の大きさを知るめやすにしてください。

● 標本の写真説明に所蔵者について記述がなければ筆者の所有標本です。

● 「自然遊学館」は、貝塚市立の自然系博物館です。

● 「大高 coll」は2011年に自然遊学館に寄託された故・大高弩氏の鉱物コレクションです。

【鉱物名の表記について】

● 各話見出しおよび写真ページは原則として英名／日本名の順で両方表記しました。エッセイでは、筆者が普段使っている名称を用いました。

第1章

名前をめぐるストーリー

パイライト／黄鉄鉱（スペイン産）

第1話

初めて見た赤い星

ガーネット

Garnet／ザクロ石《いし》

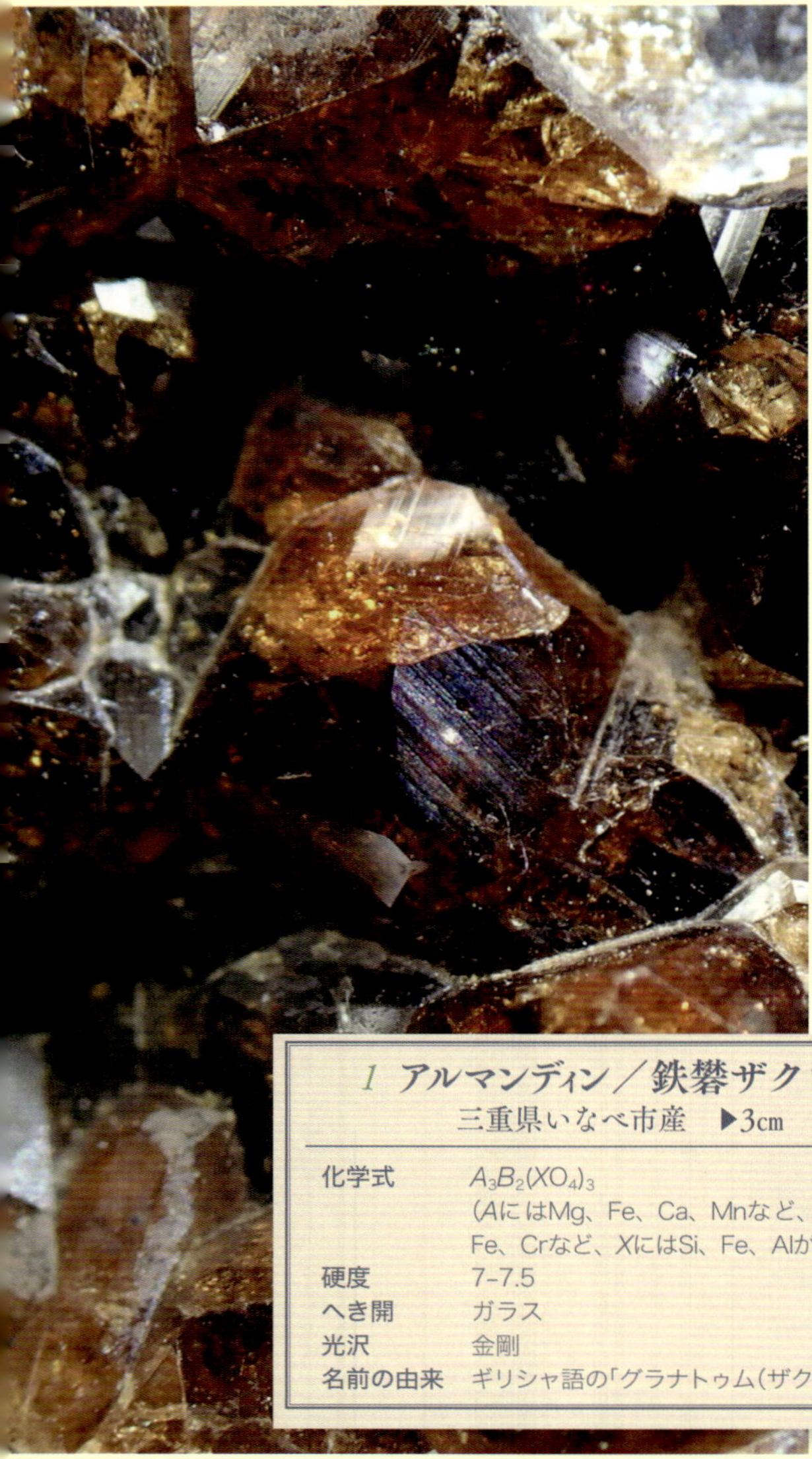

1 アルマンディン／鉄礬ザクロ石

三重県いなべ市産　▶3㎝

化学式	$A_3B_2(XO_4)_3$ （AにはMg、Fe、Ca、Mnなど、BにはAl、Fe、Crなど、XにはSi、Fe、Alが入る）
硬度	7–7.5
へき開	ガラス
光沢	金剛
名前の由来	ギリシャ語の「グラナトゥム（ザクロ）」から

2 **ウバロバイト／灰クロムザクロ石**（ロシア産）　▶2㎝

4 **グロッシュラー／灰礬ザクロ石**（カナダ産）　緑色のクロム鉱物を含む　▶2㎝

3 **アンドラダイト／灰鉄ザクロ石**（埼玉県産）　秩父の銘柄標本　▶3㎝

6 **満礬ザクロ石**（長野県産）
▶結晶5㎜

5 **スペサルティン／満礬ザクロ石**（中国産）　マンガンのザクロ石
▶2㎝

ザクロの実

1月の誕生石《たんじょうせき》はガーネット。透明感《とうめいかん》のある紅《べに》色の一粒《つぶ》は、宝石《ほうせき》に関心のない人でも美しいと感じるのではないでしょうか？　ガーネットという英名は、もとはギリシャ語で果物のザクロを意味する「グラナタン」。日本名のザクロ石もそれにならっていて、漢字で書くと「柘榴石」もしくは「石榴石」です。

ザクロの実を割《わ》ると中に真っ赤なツブツブの種《しゅ》衣《い》があって、そのまま食べたりジュースにしたりしますね。〈写真1〉のように、石の中の空洞《くうどう》にガーネットの赤い結晶《けっしょう》が詰《つ》まっている姿《すがた》を見ると、うまい日本名をつけたなあと感心するものです。

しかし世の中は、そう簡単《かんたん》ではありません。果物のザクロにはいろいろな種類があって、白っぽいものは水晶《すいしょう》ザクロと呼《よ》ばれ、やや赤い色の種衣のものはルビーレッドと呼ばれます。何と別の宝石名がついているではありませんか！　中には黒い実だってあるそうです。

植物に負けないバリエーション

ところがガーネットも負けていません。実はガーネットには約20もの種類があって、それぞれ別々の名前で呼ばれています。つまりガーネットというのは、そのグループに属する鉱物の総称《そうしょう》なのです。

一般《いっぱん》的にはガーネット＝赤い宝石という印象ですが、鉱物界ではもう少し複雑です。種類は化学組成によって決まっていて、写真のものはアルマンディンと呼ばれ、鉄とアルミニウム（礬《ばん》土）、ケイ素と酸素からできいます。それで日本名は鉄礬《てつばん》ザクロ石というわけです。一方、英名は、現代もトルコ南西部の観光地として名高いアラバンダという地名からきているそうです。

日本名ではガーネットに属する種の大半に「ザクロ石」という呼び名がついていて、ほかにも灰鉄《かいてつ》ザクロ石〈写真3〉や灰礬《かいばん》ザクロ石〈写真4〉、灰《かい》クロムザクロ石〈写真2〉、満礬《まんばん》ザクロ石〈写真5、6〉、森本《もりもと》ザクロ石などがあり（灰はカルシウムのことです）、それぞれアンドラダイト、グロッシュラー、ウバロバイト、スペサルティン、モリモトアイトと呼ばれます。ちなみにウバロバイトは帝《てい》政《せい》ロシアの大臣で鉱物マニアだったウバロフ外相から、モリモトアイトは鉱物学者・森本信男《もりもとのぶお》氏が名前の由来です。色もさまざまで、緑ありピンクあり、無色透明あり、真っ黒のものもあって、本家のザクロ顔負けです。

ザクロ石のとりこに

私《わたし》が人生で初めて鉱物に触《ふ》れたのは、赤いアルマンディン。大阪と奈良の府県境にかつて研磨《けんま》剤《ざい》の原料にするためにこれを採掘しているところがあって、そのふもとの川の砂《すな》の中から赤いザクロ石を探《さが》そうというユニークな遠足がきっかけでした。その時見つけた大きな粒（221ページの写真参照）を光に透《す》かした時の深いワインレッドに、小学6年生の心はとりこになったのでした。それでいまでもザクロ石の本家は赤色である、と信じています。

第2話 愚か者には見分けがつかない

パイライト

Pyrite／黄鉄鉱《おうてっこう》

1 パイライト／黄鉄鉱

青森県尾太《おっぷ》鉱山産　▶5cm

化学式	FeS_2
硬度	6–6.5
へき開	なし
光沢	金属
名前の由来	ギリシャ語の「パイロ（火）」から

3 **パイライトの五角十二面体結晶集合体**（米国産）　▶3㎝

2 **パイライト**（スペイン産）　▶2㎝

4 **武石**（ぶせき、三重県産）　パイライトから変質した褐鉄鉱　▶結晶の一辺5㎜

6 **チャルコパイライト／黄銅鉱**（青森県産）　▶10㎝

5 **アーセノパイライト／硫砒鉄鉱**（愛知県産）　▶結晶7㎜

金を見つけた！

「川底で金色にキラキラ光っています！」

みんなを連れての河原での鉱物採集中。そんな報告を聞いてのぞき込《こ》むと、黒雲母《くろうんも》だったりします。黒いのですが薄《うす》くはがれる性質があって、その薄片《はくへん》が褐色《かっしょく》がかっているので、水に入る光の加減で山吹色《やまぶき》にキラキラと光ります。雲母《うんも》のことを「きらら」と呼《よ》ぶのはこのためでしょう。

一方、「金を見つけました！」という場合、パイライトであることがほとんど。パイライトは金属鉱山ではありふれたものですし、花崗岩《かこうがん》や砂岩《さがん》、セリサイトなどの粘土《ねんど》中にも見られる金色の鉱物です。

金との見分けかたは簡単《かんたん》です。慣れてきたら色の濃《こ》さでわかりますし、金は針《はり》などで傷《きず》がつくほど柔《やわ》らかく、一方のパイライトは硬《かた》くて傷はつきません。そもそもそうした調べができるほど大きいものはおおむねパイライトで、金なら大発見だと思います。

そうしたことから西洋では、パイライトを「フーリッシュ・ゴールド（愚《おろ》か者の金）」などと呼ぶのだそうです。「金があった！」と騒《さわ》ぐことへの冷やかしなのでしょう。

賢者の石

このパイライト、一番ポピュラーなのが立方体の結晶《けっしょう》です。まるで人間が磨《みが》いたかのようなピカピカツルツルの姿《すがた》で、スペイン産のものが最も有名です〈写真2〉。ところがほかにもいろいろな形の結晶があるのです。八面体や五角十二面体〈写真3〉とその扁平《へんぺい》版から、球果《きゅうか》状（結晶《けっしょう》が丸く集まったもの）、まるで金箔《きんぱく》のような箔《はく》状まで。貝化石がパイライト化したものもあるほどです。

形がさまざまなのでフィールドで見ても、すぐさま「パイライトだ！」と判断するのが難《むずか》しくなります。しかも表面が錆《さ》びたように変色していたり、中には結晶の形はそのままで硫黄《いおう》が抜《ぬ》けて褐鉄鉱《かってっこう》という別物に変わっていたり（武石《ぶせき》と呼ばれます）〈写真4〉。さらに化学成分は一緒《いっしょ》で結晶構造が違《ちが》う白鉄鉱《はくてっこう》もくせ者です。

こうしてみると「フーリッシュ（愚か）」どころか、手にした者を試す「賢者《けんじゃ》の石」だとも言えます。

パイライトの仲間たち

「パイライト」という英名の由来は、ギリシャ語の「パイロ（火花）」。叩《たた》くと火花を散らすことからつきました。似た名前の鉱物はいくつかあり、パイライトにアーセニック（ヒ素）がくっついた硫砒鉄鉱《りゅうひてっこう》はアーセノパイライト〈写真5〉と呼ばれます。これは銀白色で菱形《ひしがた》の美しい結晶ですが、焼いて亜《あ》ヒ酸《さん》を生成するのに使われるやや恐《おそ》ろしげな鉱物です。もちろんフィールドで見つかる天然のままのものは無害で、コレクションの対象としても魅力《みりょく》的です。

また、銅《どう》がくっついた黄銅鉱《おうどうこう》はチャルコパイライト〈写真6〉。銅の資源《しげん》鉱物で、山吹色の柔らかい塊《かたまり》などは、パイライトよりも金に似た姿をしているのです。

第3話

名前のわりには知的なブルー

アホーアイト

Ajoite／アホー石《いし》

1 アホーアイト／アホー石

南アフリカ共和国メッシーナ鉱山　▶1cm

化学式	$(K,Na)Cu^{2+}_7AlSi_9O_{24}(OH)_6 \cdot 3H_2O$
硬度	3.5
へき開	1方向完全
光沢	ガラス
名前の由来	米国の土地の名前

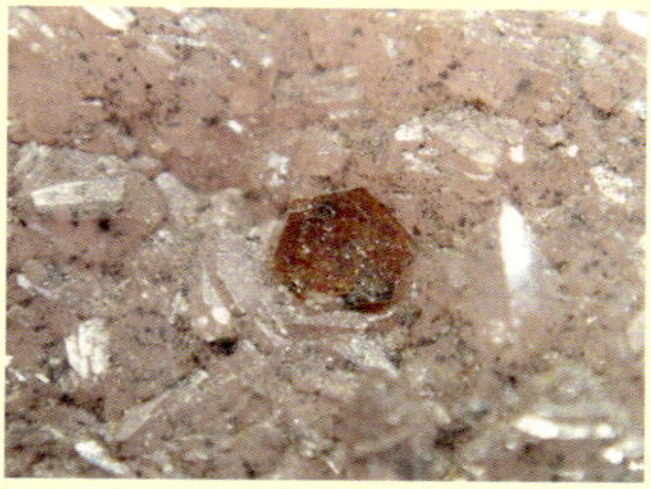

3 **シガライト／滋賀石**（南アフリカ産）
▶1㎝

2 **パパゴアイト／パパゴ石入水晶**
（南アフリカ産）　▶1㎝

5 **チロライト／チロル銅鉱**（奈良県産）　▶2㎝

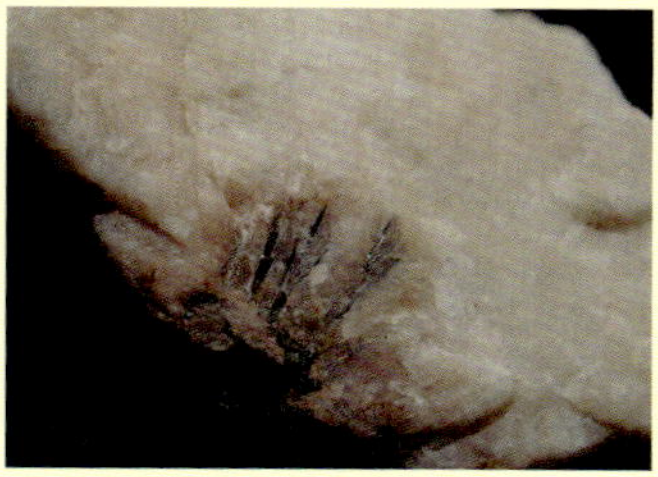

6 **コウベアイト／河辺石**（京都府産）
▶結晶の長さ４㎜

4 **カレドナイト／カレドニア石**（兵庫県産）　▶1㎝

君の名は？

外国の言葉が、日本語でも全く別の意味で通用してしまうことはよくあることですが、そうした例の鉱物界の代表選手は銅を主成分とするアホー石でしょう。前回のフーリッシュ・ゴールドに続いて恐縮《きょうしゅく》ですが、「アホ」は私《わたし》の地元・関西では親しみを込《こ》めてツッコミを入れる言葉なので、お許しをいただければと思います。

何でこんな名前に？　世界で最初に見つかった原産地を詳《くわ》しく日本語に翻訳《ほんやく》してみると、アメリカ合衆国《がっしゅうこく》アリゾナ州ピマ郡アホーのリトルアホー山地にあるニューコーネリア鉱山、ということになります。ネイティブアメリカン由来の地名で、綴《つづ》り通りに英語読みすれば「アジョーアイト」でしょうか。「・j」をハ行で発音するのはスペイン語（日本Japonはスペイン語で「ハポン」です）なので、もともと新大陸に上陸したスペイン人が現地の言葉にあてた文字かも知れません。現地はメキシコ国境に近く、周辺にはそれらしい地名もたくさんあります。

ユニークな姿が人気

ユニークな名前ですが、この鉱物は原産地以外のものが有名になりました。〈写真1〉の水晶《すいしょう》がそれで、南アフリカ共和国のメッシーナ鉱山でたくさん見つかりました。水晶の中に水色の水晶が入っているような姿に見えますが、これは内部に見える水晶が、最初に成長を終えてアホー石にコーティングされ、その後もう一段《いちだん》水晶が育ったために内部に閉《と》じ込められてしまったというユニークな姿《すがた》なのです。

　そしてアホー石入水晶と兄弟のように紹介されるのが、パパゴ石入水晶〈写真2〉です。こちらも原産地は同じアホーで、名前は当地に住む民族パパゴからきています。さらに水晶の中に入りこんだ標本がメッシーナ鉱山で産出されるところも、銅が主成分というところも同じですが、濃いブルーが特徴で、アホー石より好きだという人もいます。

楽園もアルプスも

　鉱物の名前にはいろいろなつけ方があって、日本語でも古くから知られているものには伝統的な名前（金、水晶）が使われますし、成分や結晶《けっしょう》形、色がそのままつけられたり（方鉛鉱《ほうえんこう》、紅鉛鉱《こうえんこう》）、最初に見つかった原産地名がつけられることもよくあります。国産では滋賀石〈写真3〉、河辺石〈写真6〉、東京石、大阪石という具合です。

　ところで、鉱物名になった土地の名前を調べると、意外なことがわかることもあります。日本名でカレドニア石〈写真4〉と聞けば、南太平洋の楽園「ニューカレドニア島」を連想するのではないでしょうか？　色具合もそれらしいのですが、実はカレドニアはイギリス北部・スコットランドの古いラテン語名で、この石の原産地もスコットランドなのです。ニューカレドニアよりかなり寒そうなイメージですね。

　またチロル銅鉱〈写真5〉は、アルプス山脈東部のチロル地方が原産ですが、日本人にはサイコロ型チョコレートのイメージの方が強いかもしれません。

第4話　鉱物界の美少女戦士

シプリン Cyprine

1 シプリン

ノルウェー、テレマーク産　▶1㎝

化学式	$Ca_{19}Cu^{2+}(Al_{10}Mg_2)Si_{18}O_{68}(OH)_{10}$
硬度	6.5
へき開	なし
光沢	ガラス
名前の由来	不明

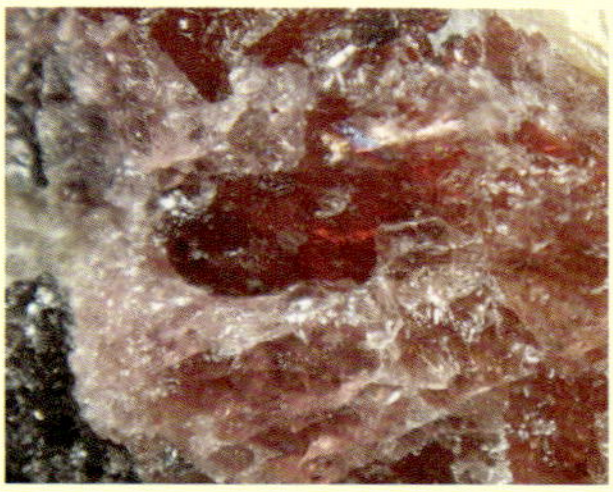

3 ユージアライト／ユージアル石
（ロシア産）　▶7㎜

2 ミメタイト／ミメット鉱（メキシコ産）
▶5㎝

5 タイガース・アイ／虎目石（中国産）
▶4㎝

4 レアメタルのテルルが主成分のマックアルパイン石（和歌山県産）　▶5㎜

6 ベスビアナイト／ベスブ石（宮崎県産）　▶1㎝

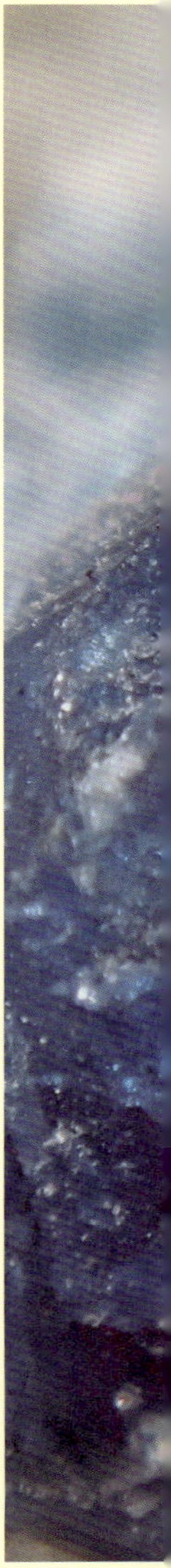

好きなものはすぐに覚える

50才を過ぎると、新しいことをなかなか覚えにくくなります。ドラマや映画《えいが》でも、登場人物はおろか演じている俳優《はいゆう》の名前がいつまでたっても頭に入ってこないのです。最近ではこういう現象は老化のせいだと思ってあきらめていたのですが、実は案外そうでもないようで、興味関心が色々なことに向かない、つまりどんどんつまらない中年になっているからだと気づきました。

というのは、私《わたし》が以前新聞紙上で書いていたコラム『宝《たから》の石図鑑《ずかん》』でシプリンを取り上げようとネット検索《けんさく》したら、見慣れないアニメの女性キャラクターだらけの結果に。何事かと思ったら、アニメ『美少女戦士セーラームーン』にシプリンという登場人物がいたのです。このキャラクターのことはすぐに覚えることができて今でも忘《わす》れることがありません。それはつまり元々関心が強い（アニメではなく鉱物に）からだと気づいた、というわけです。ちなみにアニメのシプリンも青い髪《かみ》の毛に青いスーツを着て、プチロルという人物とともに登場する……ん？　プチロル？　斜《しゃ》プチロルわ。『セーラームーン』には鉱物名から名前がとられたキャラクターが多いんですね。

まだまだいる美少女戦士

そんなわけで何人か紹介《しょうかい》すると、少し意地悪なミメット〈写真2〉、失敗ばかりのユージアル〈写真3〉、最後は自爆《じばく》するテルル（マックアルパイン石）〈写真4〉、トラの化身タイガース・アイ〈写真5〉

などなど。いくつかのチームがあって、どれも主人公のセーラー戦士と戦う悪役軍団なのだそうですが、私《わたし》にとってこれらはどれも覚えやすいのでした。

名前に使われたのは、日常生活で宝石《ほうせき》以外の鉱物名を使うことは滅多《めった》にないので、登場人物名として新鮮《しんせん》だったからでしょうか。ルビーやサファイアなど有名な英名は、「ルベウス」「サフィール」といったように少し変えてあるようなので、そんな気がしています。この素敵《すてき》なアニメをきっかけに地球の贈《おく》り物である鉱物に関心を持った人がいたなら、素晴らしいことだと思います。

宝石にもなる青い石

今回取り上げたシプリンはノルウェー産です。石灰岩《せっかいがん》と花崗岩《かこうがん》の接触《せっしょく》変成部（スカルン）などによく見られる褐色《かっしょく》〜緑色をしたベスブ石〈写真6〉の亜種《あしゅ》という位置づけです。澄《す》んだ青い色は不純物《ふじゅんぶつ》として銅《どう》が含《ふく》まれているからで、非常に珍《めずら》しく、硬度《こうど》もまずまずなので研磨《けんま》して宝石扱《あつか》いされているほどです。

ちなみにアニメでのシプリンは、所属する軍団「ウィッチーズ5」最強の戦士だそうで、鉱物としての貴重《きちょう》さを表しているというのは考えすぎでしょうか？　よく見れば、この軍団は他のメンバーも皆《みんな》、なかなか珍しい鉱物です。テルルはレアメタル、ユージアルはデンマークのカンゲルルスアークが原産の稀少《きしょう》鉱物です。またミメット鉱は国内でも見かけますが、どれも非常に小さく少量しか見つかりませんので、採集できたらうれしいものなのです。

第5話 日本を代表する双子の水晶

ジャパニーズ・ツイン

Japanese Twin／日《に》本《ほん》式《しき》双《そう》晶《しょう》（水《すい》晶《しょう》）

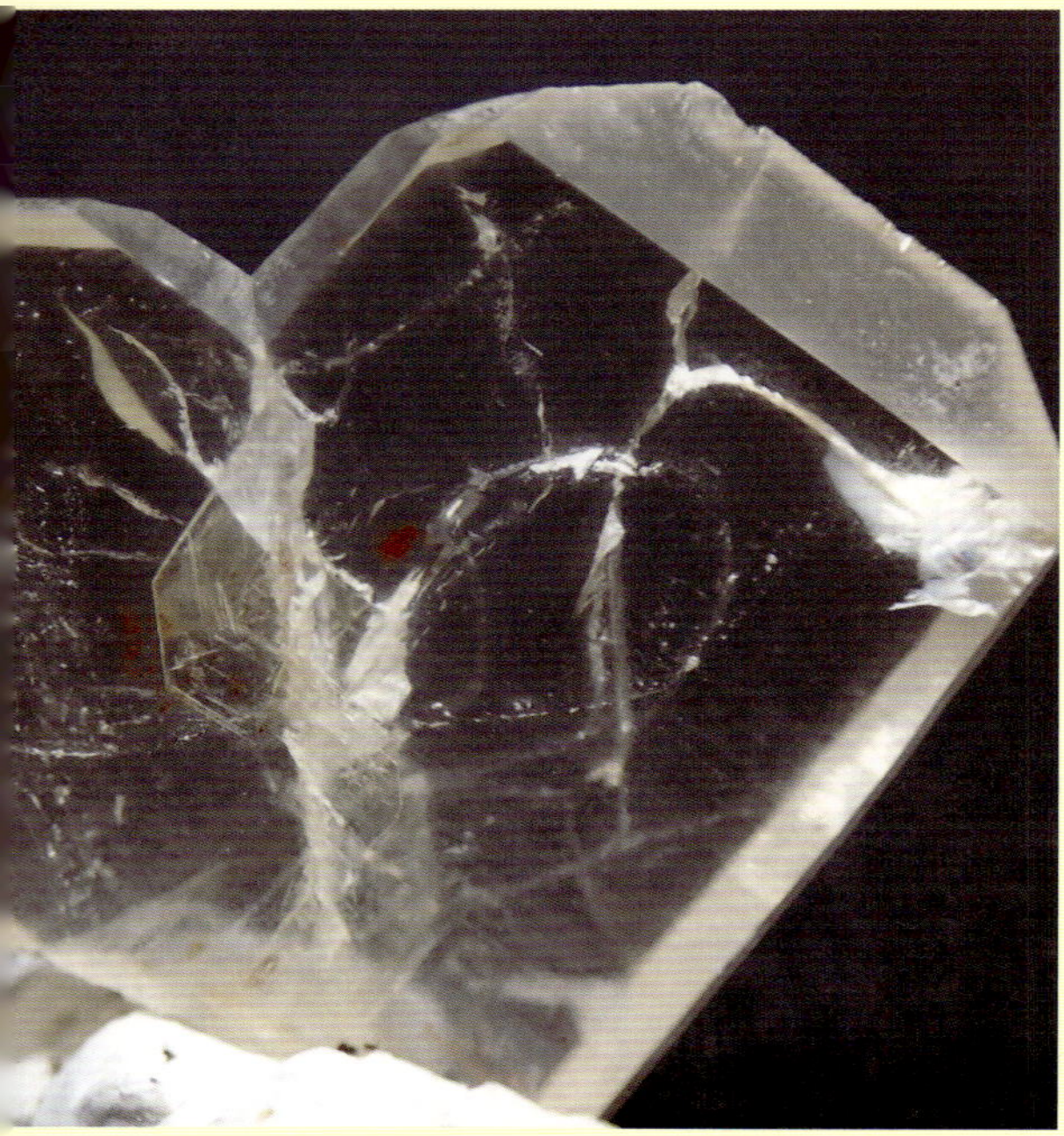

1 ジャパニーズ・ツイン／日本式双晶（水晶）

長崎県奈留島産　▶2㎝

化学式	SiO_2
硬度	7
へき開	なし
光沢	ガラス
名前の由来	明治時代に山梨県をはじめ日本各地で非常にたくさん見つかったことから命名

2 **日本式双晶が重なる標本**(山口県大和鉱山産)　▶6㎜

4 **オーソクレース／正長石のマネバッハ式双晶**(広島県産)　▶3㎝

3 **水晶のドフィーネ式双晶**(岐阜県産)　▶3㎝

6 **セルサイト／白鉛鉱の双晶**(メキシコ産)　▶結晶の幅2.5㎝

5 **ジプサム／透石膏の双晶**(オーストラリア産)　▶4㎝

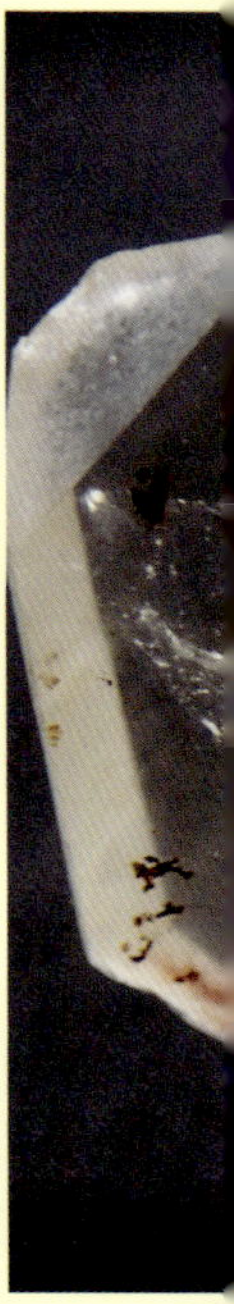

日本を代表する鉱物

84度33分。いったい何の数字かというと、これが自然の不思議のひとつ、〈写真1〉のようなハート型にくっついた水晶《すいしょう》のつくる角度なのです。これはなぜか特に日本でたくさん見つかる水晶の形態の一種で、2つの水晶がこの角度でくっついています。何でそんな角度でくっつくの？　何で日本に多いの？　と聞かれても、多分誰《だれ》も答えられないのではないでしょうか。結晶《けっしょう》の構造や鉱物の分布など、自然にはまだわからないことがたくさんあるのです。

さて、明治時代に水晶の産地として名高かった山梨県乙女《おとめ》鉱山で、このジャパニーズ・ツインの大きな結晶がたくさん見つかりました。それまで国内では「夫婦《めおと》水晶」と呼《よ》ばれ、海外では「ハート型水晶」と呼ばれてきたということです。

ところが、明治期に来日した欧州《おうしゅう》の学者によって名づけられたのは、一転して日本式双晶（ジャパニーズ・ツイン）。堅《かた》い名前ではありますが、それ以来ジャパニーズ・ツインの名は世界にとどろいて、今も世界の大きな自然史系《けい》博物館では山梨県の旧国名である「Kai（甲斐《かい》）」産として展示されているそうです。なかなか誇《ほこ》らしい話ですが、個人的には「夫婦水晶」がなんだか愛らしく、日本らしい名前だと感じます。

ハート型の謎

もうひとつ、大きな謎《なぞ》があります。ジャパニーズ・ツインにはなぜか平たい水晶が多いということです。乙女鉱山産もそうですし、西の名産地だった長崎県奈留《なる》島のものもぺったんこ。

平たい理由はわかっています。水晶は比較的均整の取れた六角柱なのですが、平たくなるのは、そのうちの2つの面が大きく発達した結果なのです。しかしなぜジャパニーズ・ツインにそれが多いのかはわかりません。

理由はともかく、くっつきかたによって「軍配型」といわれるものもあります。もちろん六角柱のジャパニーズ・ツインもあります。むかし訪《おとず》れた山口県の鉱山で小さいながらも見つけることができました。いくつもの大小のツインが狭《せま》い空間に折り重なっていて、大いに喜んだものです〈写真2〉。

双子の結晶

双晶は、2つ以上の同じ鉱物の結晶が一定の角度で規則性を持って接合している結晶で、ジャパニーズ・ツイン以外にもたくさん種類があります。

双晶なのに1つの結晶にしか見えないドフィーネ式双晶というのもあります。これは結晶の柱と柱の接合部の角が一部削《けず》れて別の結晶面がふたつ以上顔をのぞかせ、双子《ふたご》の片割《かたわ》れの存在の主張しているものです〈写真3〉。

正長石は水晶とともに花崗岩《かこうがん》に眠る鉱物ですが、これにもいろいろな双晶があります。〈写真4〉はマネバッハ式双晶と呼ばれる形の正長石ですが、これも1つにしか見えません。またジプサムも双晶しやすい鉱物で、ハトが羽を広げて飛び立とうとしているような姿《すがた》〈写真5〉は、なかなか立《りっ》派《ぱ》です。また、白鉛鉱《はくえんこう》はさまざまなパターンの双晶があって興味深いです〈写真6〉。

第6話 二転三転する名前

ベゼリアイト

Veszelyite／ベゼリ石《せき》

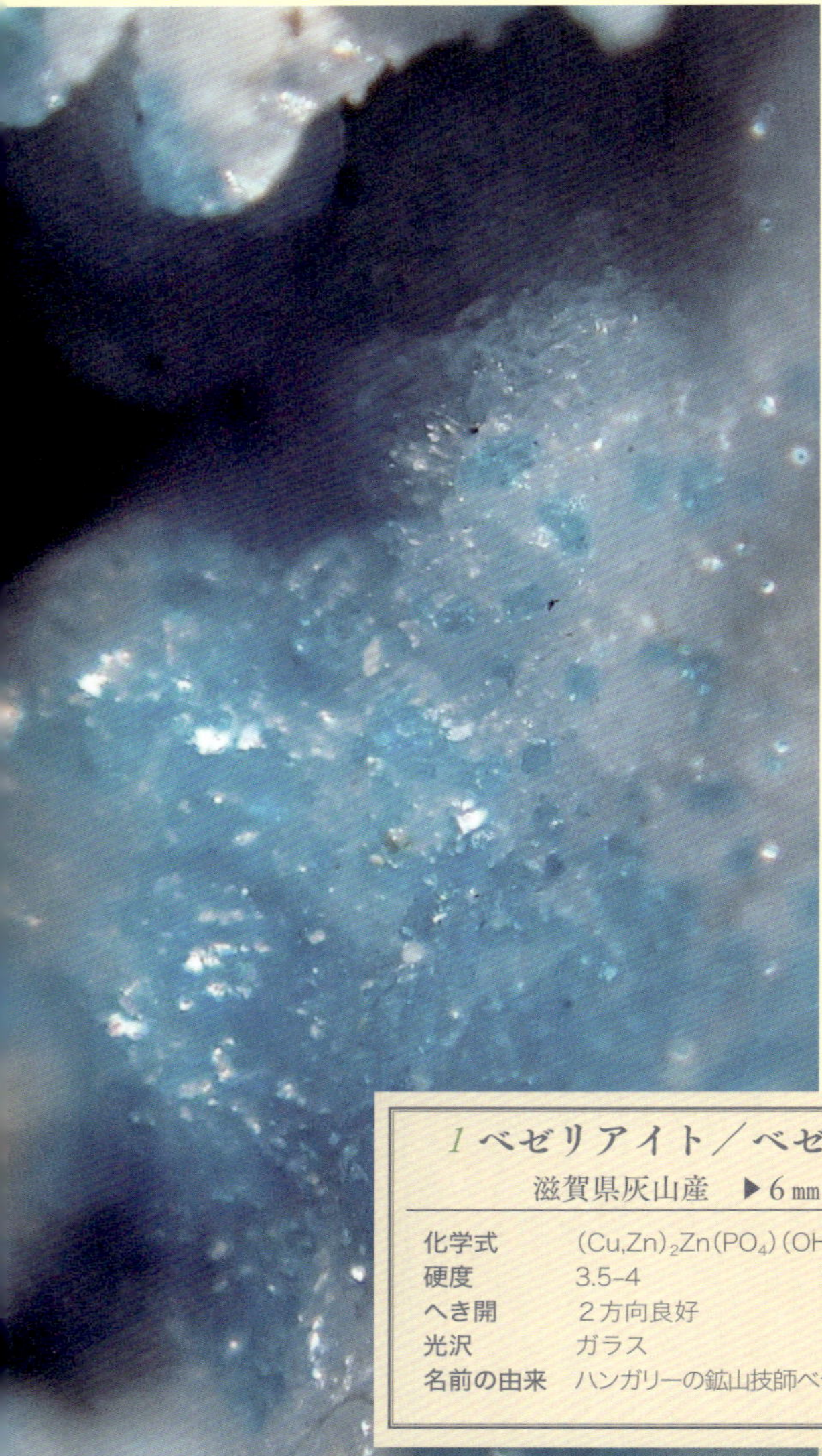

1 ベゼリアイト／ベゼリ石

滋賀県灰山産　▶6㎜

化学式	$(Cu,Zn)_2Zn(PO_4)(OH)_3 \cdot 2H_2O$
硬度	3.5–4
へき開	２方向良好
光沢	ガラス
名前の由来	ハンガリーの鉱山技師ベゼリ氏から

2 ブラジリアナイト／ブラジル石
（ブラジル産）　▶2.5㎝

3 ラベンデュラン／ラベンダー石
（イラン産）　▶5㎜

4 チンゼナイト／チンゼン斧石
（高知県産）　▶7㎜

5 パープライト／紫石（南アフリカ産）
▶3㎝

6 鉱染状のベゼリ石（滋賀県産）　▶7㎝

荒川石か、ベゼリ石か？

20年以上も前ですが、滋賀県の灰山《はいやま》というところの石灰石《せっかいせき》の採石場で、ベゼリ石を含《ふく》む珍《めずら》しい銅《どう》や亜鉛《あえん》鉱物を産する鉱脈が見つかって、一種のベゼリ石ラッシュが起こりました。ご覧《らん》の通りの鮮《あざ》やかさ〈写真1、6〉が目を引き、現在でもコレクターに人気があります。ところが、今はベゼリ石として名前が定着しているこの鉱物も、1959年に日本やアメリカなど38か国の鉱物などの学会で構成する国際鉱物学連合（IMA）が設置されるまでは、種を決めるルールが明確ではなくその名前も必ずしも定まりませんでした。

秋田県の荒川《あらかわ》鉱山で1900年に見つかった鉱物は、その少し前に東欧《とうおう》のルーマニアで見つかった新鉱物「ベゼリアイト」にきわめてよく似た組成を持っていました。しかし詳細《しょうさい》な分析《ぶんせき》の結果、ベゼリアイトにあるヒ素がこの鉱物にはなく、そのため広い意味ではベゼリアイトだけれども異《こと》なる鉱物「荒川石」と命名され、その名で論文《ろんぶん》まで出されたのです。

本家のほうが間違いだった!?

ところがところが。続いて南アフリカのローデシア（現・ジンバブエ）でもヒ素のないベゼリアイトが見つかりました。これも荒川石でいいのか？もう一度検証が始まります。その結果、なんと最初に見つかったルーマニア産のベゼリアイトは、〝何かの間違《まちが》いで〟ヒ素が報告されたけれど、実はヒ素は入っていないということがわかったのです。つまり荒川石もベゼリアイトも同じだというわけです。

　こうしたことがあっても正しい分析だった荒川石に軍配が上がらず、結局「ベゼリアイト（ベゼリ石）」に統一されたのは少し残念な気もします。

　この話にはさらに続きがあります。実は第二次大戦直後に岐阜県の神岡鉱山で見つかったベゼリ石も、当初は銅と亜鉛の量から新鉱物扱《あつか》いされ、「神岡石《かみおかいし》」と呼ばれていたのです。また米国からはその後、本当にヒ素を含むベゼリ石によく似た鉱物が見つかって「フィリップスバーグ石」と呼《よ》ばれています。

名づけの難しさ

　命名にかける研究者の苦労を忍《しの》ぶばかりですが、ベゼリ石だけではありません。ブラジル原産のブラジル石〈写真2〉は、新種とわかって名前をつける際、ブラジルという名がすでに別の鉱物に使われていて一悶着《もんちゃく》あったとか。またドイツとチリで見つかった鉱物が、同じだと判らないままそれぞれラベンダー石〈写真3〉と全く同じ名前を名づけられたという嘘《うそ》のような偶然《ぐうぜん》も。

　一方、チンゼン斧石《おのいし》〈写真4〉はマンガンをたくさん含む鉱物ですが、それよりマンガン含有《がんゆう》量の少ないマンガン斧石に発見の後先のせいで「マンガン」の名を譲《ゆず》っています。逆に驚《おどろ》くほど単純な名前もあります。紫《むらさき》石〈写真5〉はその代表選手で、他の追随《ついずい》を許さないほど明快な名前ではないでしょうか。

第7話 鉱物名に咲き乱れるバラ

ロゼライト

Roselite／ローズ石《せき》

1 ロゼライト／ローズ石

モロッコ産　▶1cm

化学式	$Ca_2(Co^{2+},Mg)(AsO_4)_2\cdot 2H_2O$
硬度	3.5
へき開	１方向完全
光沢	ガラス
名前の由来	ドイツの鉱物学者ローゼ博士から

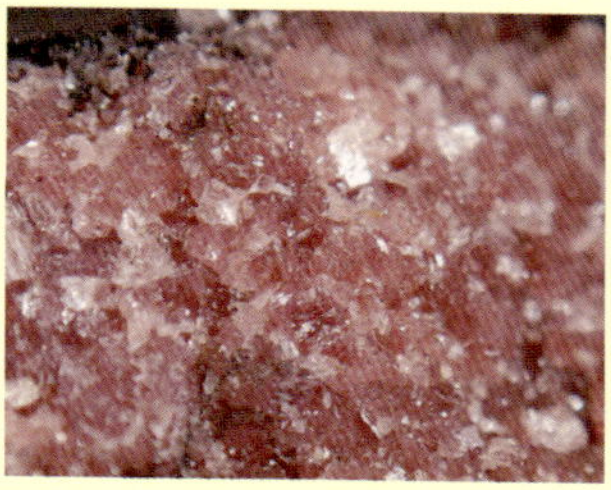

3 **ロードナイト／バラ輝石**（愛知県産）▶3㎝

2 **ローザサイト／亜鉛孔雀石**（メキシコ産）▶7㎜

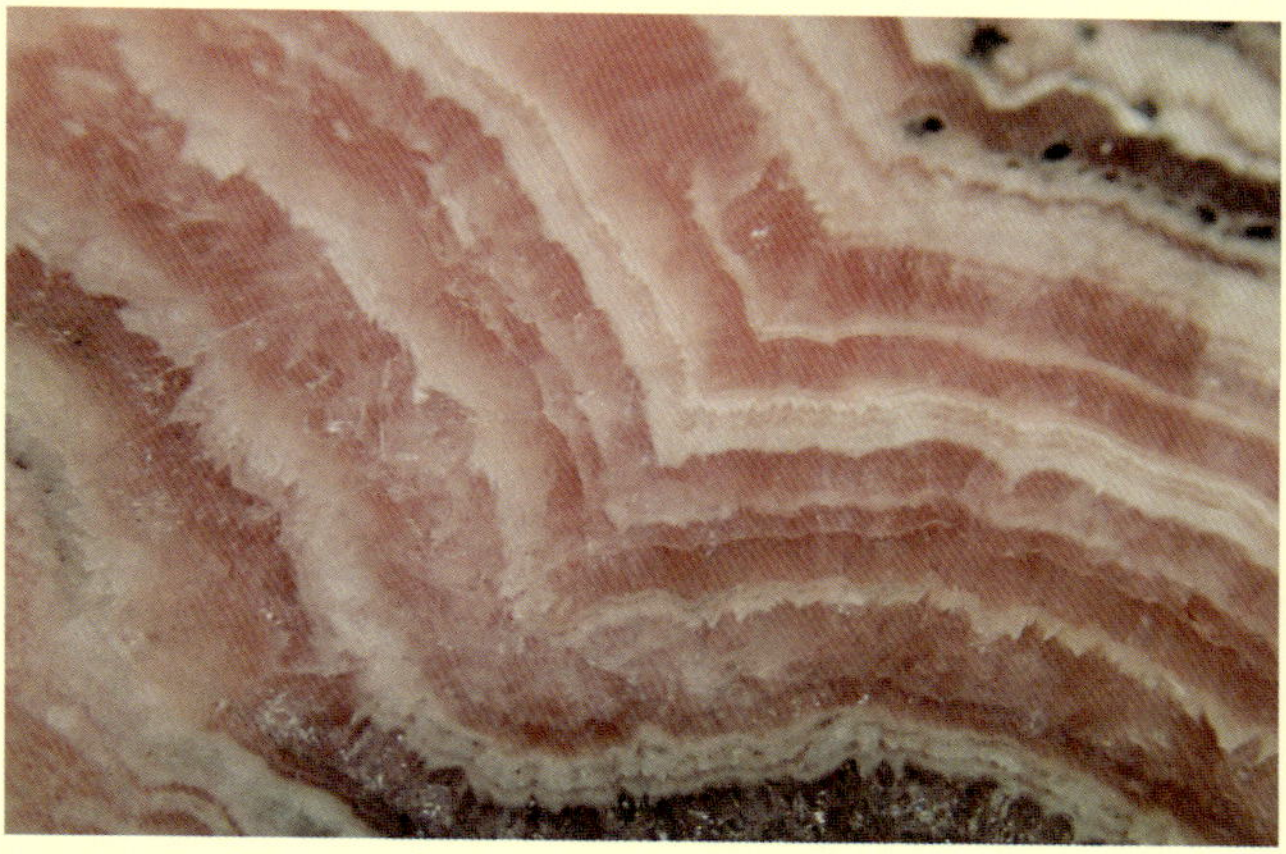

4 **ロードクロサイト／菱マンガン鉱**（ペルー産）▶2㎝

6 **デザートローズ／砂漠のバラ**（メキシコ産）▶8㎝

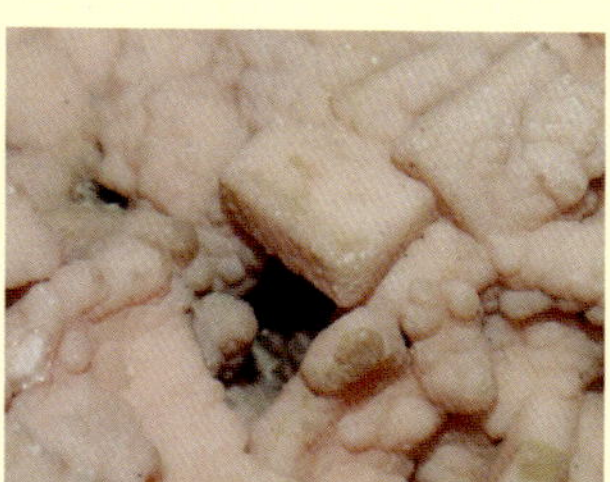

5 **ロードクロサイト**（青森県産）▶1㎝

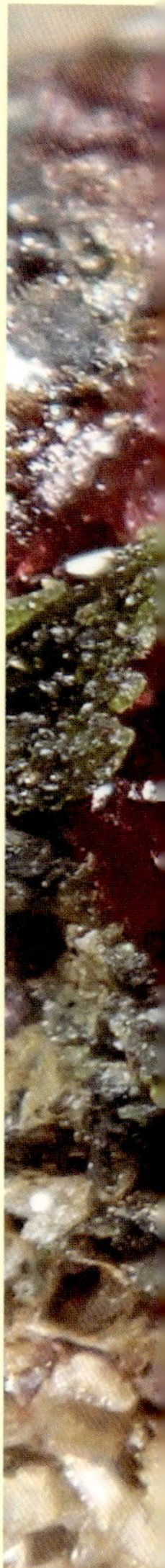

麗しのローズ

ロゼと言えば、赤ワインほど濃《こ》くはない上品なバラ色のワインを連想するのではないでしょうか？夏、きりりと冷やしたロゼを少したしなむ、なんてフランス人になった気分が味わえるというものです。ロゼライト、色も上々。透《す》き通る赤は、まさにバラの香りまで漂《ただよ》ってきそうな麗《うるわ》しの鉱物です。

ところが……。実はバラ色からつけられた名前ではないのです。名前の由来はベルリン大学の鉱物学者、グスタフ・ローズ博士。ローズ博士が発見者というわけではありませんが、鉱物研究に功績のあった人の名前がつくのは、この世界では普《ふ》通《つう》なので驚《おどろ》くことはないのです。しかし偶然《ぐうぜん》の一致《いっち》か、ローズ博士にふさわしいからとされたのか、新鉱物として報告されたのが200年近く前の1824年なので詳細《しょうさい》はよく分かっていません。

今のところ、ドイツやカナダ、モロッコなどが主産地で、珍《めずら》しい鉱物のひとつですし大きな結晶《けっしょう》は少なく、それだけにコレクターには人気の高い（つまり標本の値段《ねだん》も高い）鉱物です。しかし、一部ではメキシコなどで見つかるラズベリー色のガーネット（ローゼライトなどと呼《よ》ぶようです）と混同して説明しているウェブサイトなどもあるので、品定めの時は要注意でしょう。

バラの名前は手強い？

一方、「ローザサイト」という鉱物もあります〈写真2〉。ご覧《らん》の通り、緑色のモコモコの姿《すがた》が一般《いっぱん》的《てき》で、名前に「ローズ」が入っているのになぜ？と誰《だれ》しも感じると思います。それでもここまで説明してくると、当然バラが名前の由来ではないという流れですね。こちらはイタリアのローザ鉱山で発見されたのが由来です。ちなみに日本名は亜《あ》鉛《えん》孔《く》雀石《じゃくせき》。色のイメージは湧《わ》くのですが少々事務的な響《ひび》きもあり、個人的には「ローザサイト」のほうが好きです。

元来こうした鉱物の命名には、そんなにきっちりと決められたルールがあるわけではありません。名が体を表す鉱物に、ロードナイト〈写真3〉があります。これは正真正銘、ギリシャ語のバラ（ロードン）が由来なのですが、逆に日本名である「バラ輝石」は厳密には「輝石」ではないという残念さがあります。輝石というのは鉱物学的な共通点を持つ何種類かの鉱物の総称なのですが、バラ輝石は輝石には含まれません。鉱物の名前の世界は手ごわいのです。

インカのバラ、砂漠のバラ

もうひとつ、バラつながりの名前としては、南米ペルー辺りに魅力《みりょく》的《てき》な鉱物がありますが、その一番はロードクロサイト〈写真4〉でしょう。通称《つうしょう》インカローズと呼ばれ、宝飾《ほうしょく》品としても標本としても非常な人気です。日本でもかつて青森県・尾太《おっぷ》鉱山で名品が出ていました。〈写真5〉。

またデザートローズ（砂漠のバラ）というのもあって、これにはジプサム（石膏《せっこう》）とバライト（重晶石《じゅうしょうせき》）〈写真6〉の2種類がありますが、どちらも結晶が集まってできる形から名づけられていて、飾《かざ》り石などとして人気があります。ちなみにバライトの名はギリシャ語の barys（重い）に由来するので、日本語のバラとは関係ありません。

第8話 鉱物名は時代とともに

ブロシャンタイト

Brochantite／ブロシャン銅鉱《どうこう》

1 ブロシャンタイト／ブロシャン銅鉱

静岡県河津鉱山産　▶1㎝

化学式	$Cu_4(SO_4)(OH)_6$
硬度	3.5–4
へき開	１方向完全
光沢	ガラス
名前の由来	フランスの鉱物学者ブロシャン博士から

2 ステファナイト／ステファン鉱(秋田県産)　▶3㎜

4 コベリン／銅藍(京都府産)
▶3㎝

3 スコロダイト／スコロド石
(英国産)　▶1㎝

6 ブロシャン銅鉱の針状結晶集合体
(チリ産)　▶2㎝

5 アウイン／藍方石(ドイツ産)　▶1㎝

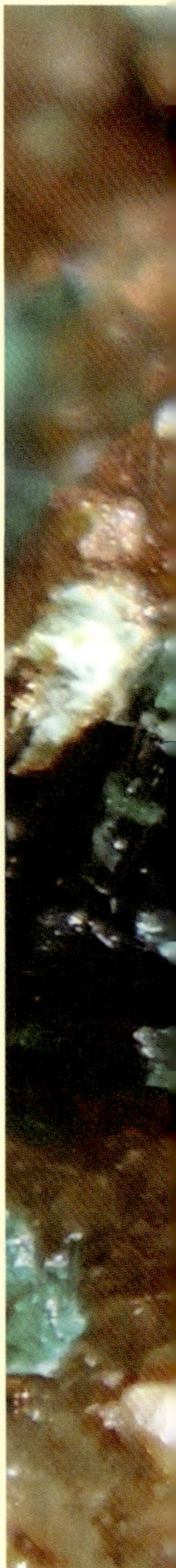

格好よさは人それぞれ

新聞社にいたとき、「讃岐《さぬき》（香川県の旧国名）という語感は格好いい」と言っている同僚《どうりょう》記者がいました。私《わたし》にはわからない感覚でしたが、確かに何を格好いいと感じるかは人によってさまざま。小学生のころから鉱物を集めていた私の場合、誰《だれ》が何と言おうと「水胆礬《すいたんばん》」が一番かっこいい名前なのでした。

保育社が刊行していた原色図鑑《ずかん》シリーズの中に、木下亀城著《ちょ》『原色鉱石図鑑』という本があります。1963年刊で、昔の鉱物趣味の人間にとってはバイブルでした。その図鑑に静岡県河津鉱山産の深い緑色の水胆礬が掲載《けいさい》されているのです。標本も美しいのですが、私はその名前に魅《み》せられました。そしていつかは「この〝すいたんばん〟を採集したい」と幼《おさな》いながらいつも願っていたものです。

夢の河津鉱山

ところが、意外と早くに夢がかなうことになりました。大学1年の春休み。冬休み中に貯めたアルバイト代をはたき、新幹線を熱海で降《お》りて伊豆急下田行の特急「踊《おど》り子号」に揺《ゆ》られて念願の河津鉱山跡《あと》へ。1983年のことです。

鉱山の稼働中には不要な石を捨《す》てる場所だったズリでハンマーをふるっていると、やや濃《こ》い緑色の細かい結晶《けっしょう》集合体が真っ白な石英の空洞《くうどう》についているのを見つけました〈写真1〉。「やった！あこがれの水胆礬！」。ちょうどその時、東京のある大学の教授（お名前を失念しました）も採集に来られていて、私の見つけたものをルーペで見て「おー、いいブロシャン銅鉱だ！」とほめてくださいました。しかし、私は力が抜《ぬ》けたのは言うまでもありません。どう見ても水胆礬だったのですが、これではまさに〝落胆礬《らくたんばん》〟……。

鉱物に詳《くわ》しい方はもう気づかれていると思います。1963年から時代は下って「水胆礬」は過去の名前、当時はすでに英名をもじった「ブロシャン銅鉱」に呼《よ》び方が変わっていたのでした。落胆が喜びに変わったのは、大阪の自宅《じたく》へ戻《もど》って図鑑の英名を見てからのことでした。

時代とともに変わる名前

時代とともに鉱物の名前は変わってきました。秋田県で多く見つかったステファナイトは「脆銀《ぜいぎん》鉱《こう》」から「ステファン鉱」〈写真2〉に変わりましたし、叩《たた》くとニンニクの臭いがするからといって「葱臭石《そうしゅうせき》」となどと呼ばれたものも今は「スコロド石」〈写真3〉です。

また水胆礬と並《なら》んで私が格好いいと思っていた銅藍《どうらん》は、こんなに立派《りっぱ》な日本名があるのに、今は「コベリン」〈写真4〉と呼ばれることが多いようです。ほかにも宝石《ほうせき》として人気の藍方石《らんぽうせき》は「アウイン」〈写真5〉がメジャーであるなど、鉱物の名前の変遷《へんせん》は気まぐれなのです。

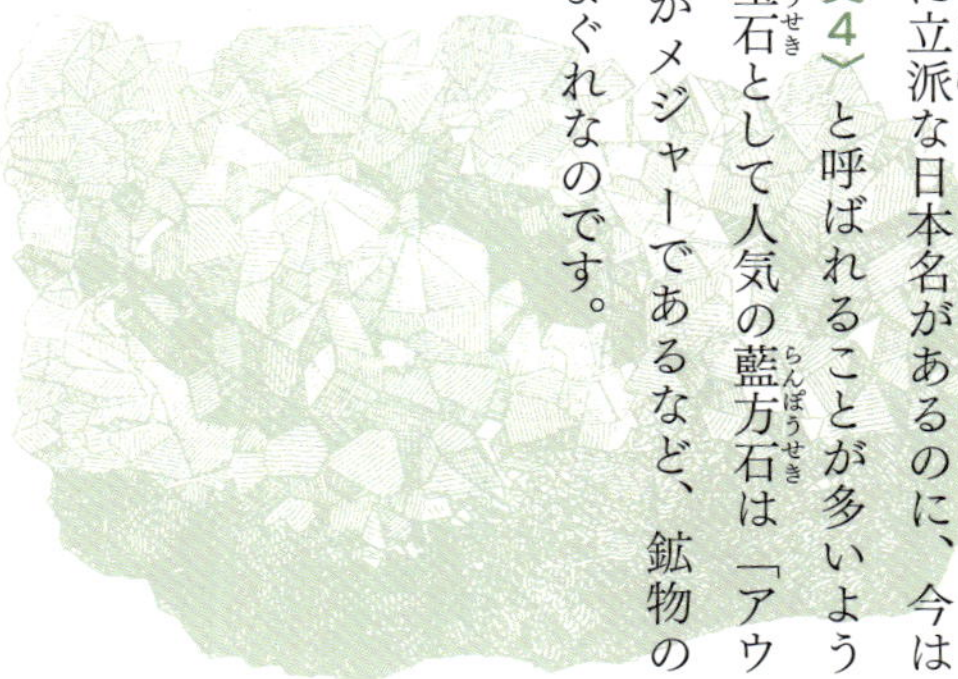

第9話 色と名前の迷宮をさまよう

ジルコン

Zircon／ヒヤシンス鉱《こう》（風信子鉱）

1 ジルコン／ヒヤシンス鉱

パキスタン産 ▶結晶1㎝

化学式	$ZrSiO_4$
硬度	7.5
へき開	不明瞭
光沢	金剛
名前の由来	ペルシャ語の「ザルクン（赤色）」が語源との説あり

3 **放射性元素を含むジルコン**（京都府産）放射能で周囲の石が茶色に変色している　▶4㎜

2 **黄褐色のジルコン**（マラウィ産）▶結晶の高さ5㎜

4 **オーピメント／石黄**（中国産）　▶1㎝

6 **ナエガイト／苗木石**（岐阜県産、自然遊学館蔵）　ジルコンの変種　▶5㎜

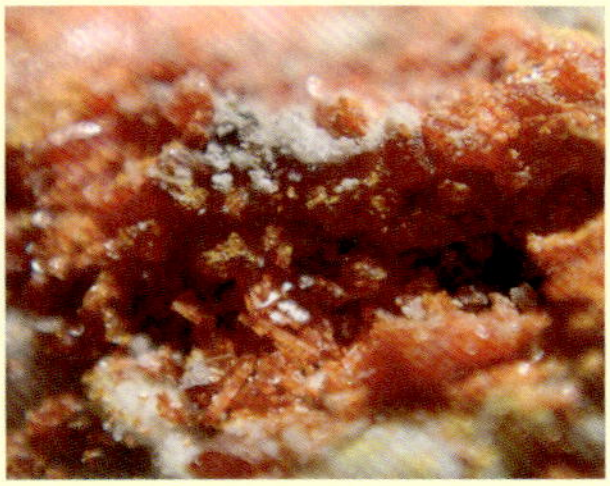

5 **リールガー／鶏冠石**（三重県産）▶5㎝

謎解きをしてみると

この鉱物はかつて、ヒヤシンス鉱（風信子鉱）とも呼《よ》ばれていました。ジルコンがなぜヒヤシンスなのか？〈写真1〉のジルコンは濃《こ》い赤褐色《せきかっしょく》ですが、そのほかにも黄色や黄緑、褐色から無色まであるようで〈写真2、3〉、その多色性が色とりどりの花を咲《さ》かせるヒヤシンスに似ているから、というのが命名の理由だと思っていました。ところが……。

調べてみると、ヒヤシンス鉱と呼ぶのは赤褐色のものだけとされていたそうです（『標準原色図鑑全集6 岩石鉱物』保育社）。そうなると多色性とは関係がなくなります。ジルコンとヒヤシンスの関係は一体？　こういう展開《てんかい》になると、興味も深まります。そもそもヒヤシンスとは何なのか。これはギリシャ神話に源《みなもと》がありました。

理想の青年像ともされる太陽の神のアポロンは、美少年のヒュアキントスを愛し、いつも一緒《いっしょ》に遊んでいました。あるとき2人にやきもちを焼いた西風の神が風を起こし、アポロンの投げた円盤《えんばん》が風にあおられてヒュアキントスを直撃《ちょくげき》し、死なせてしまいます。その時に流れ出た血のうえに花が咲き、ヒヤシンスと呼ばれるようになった、というのです。ギリシャ神話らしい悲劇《ひげき》の物語ですね。そこへペルシャから赤い宝石《ほうせき》が入ってきて、これもヒヤシンスと呼ばれるようになったとか。

赤のつながり

ここまではなるほど、と納得《なっとく》です。ではジルコンとは何でしょうか。これはペルシャ語の「ザルクン」に語源《ごげん》があって、「赤い」という意味だそうです。なんと、やはりほかの色ではなくて赤なのです。しかもジルコンの産地は東南アジアが多く、ペルシャ商人がギリシャ方面へ行って売り歩いた、ということです。

東南アジアで採れた赤い宝石を、ペルシャ人がザルクンとして売り歩くうち、ギリシアでは神話にあやかってヒヤシンスと呼ぶようになった、というのが名前の謎《なぞ》の真相でしょうか。

結局現代では「ザルクン」がなまって「ジルコン」となり、その主成分である金属元素を「ジルコニウム（Zr）」と呼ぶようになったのです。なんだか迷宮《ラビリンス》のような謎解きになりましたね。

名前のうつりかわり

ジルコンは光の屈折《くっせつ》率がダイヤモンドに近い高さでキラキラと光を反射《はんしゃ》しますが、もうひとつよく輝《かがや》く鉱物にオーピメント〈写真4〉があります。こちらは「石黄《せきおう》」という日本名がありますが、「雄黄《ゆうおう》」だという説もあります。

しかし益富寿之助《ますとみかずのすけ》著『石――昭和雲根志』には、中国では雄黄は鶏冠石《けいかんせき》（リールガー）〈写真5〉の別名であって、そもそも明治の大鉱物学者・和《わ》田《だ》維四郎《つなしろう》が唱えた「石黄」も誤《あやま》りで、正しくは「雌黄《しおう》」だと言うのです。もはやどれを標本ラベルに書けばいいのか、悩《なや》んでしまいます。

第10話 植物にたとえられる石たち

プレーナイト

Prehnite／ブドウ石

1 プレーナイト／ブドウ石

マリ共和国産 ▶2㎝

化学式	$Ca_2Al(AlSi_3O_{10})(OH)_2$
硬度	6
へき開	１方向完全
光沢	ガラス
名前の由来	日本名は葡萄、英名は収集家のプレー大佐から

3 **ラズベリーガーネット**（三重県産）
▶3㎜

2 **オリーブナイト／オリーブ銅鉱**
（奈良県産）　▶4㎜

4 **マリモ入水晶**（京都府産）　▶結晶の幅3㎜

6 **カクタスもどきの水晶**（兵庫県産）
▶結晶の高さ７㎜

5 **カクタスアメシスト**（メキシコ産）
▶結晶の高さ2㎝

マリで収穫されたマスカット

アフリカ中西部にマリ共和国という国があります。長らくフランス領で「仏領スーダン」と呼《よ》ばれていましたが、独立とともに元々あった帝国《ていこく》の名前をつけました。現地語で「マリ」は動物の「カバ」の意味で、カバがリスペクトされているそうですが、我々《われわれ》日本人にとってはマリと言えば丸くて可愛い鞠《まり》を思い浮かべがち。

そのマリから鞠のようなまん丸な鉱物が見つかり、一時期日本の鉱物店にも並《なら》びました。明るいグリーンのその姿は鞠というよりもマスカット。そして日本名が「ブドウ石」だからユニーク過ぎる存在《そんざい》です。国内では島根県や山梨県で見つかるブドウ石が有名ですが、ここまでマスカットらしくはありません。自然は時々我々を驚《おどろ》かすいたずらをしてくれるものです。

しかもご丁寧《ていねい》にこの標本は、緑簾石《りょくれんせき》がブドウ石に突《つ》き刺《さ》さっていて、本物の葡萄《ぶどう》の木の枝にも見えるという演出つき。これを見たとき、欧米《おうべい》の人も「なぜグレープアイトとかマスカットアイトではないんだ？」と残念がったのではないでしょうか？　日本名に軍配です。

人は見立てが大好き

SNSなどで鉱物の写真をアップすると、「肉みたい」「天ぷらかと思った」などというコメントをしばしばもらいます。見慣れないものを見ると、人は自分の知っている何かと見間違《まちが》えたり、知っているものに例えてみたりすることが多いようですね。その点で言えば、ブドウ石を見て「葡萄かと思った」という書き込《こ》みがもしあれば、「ある意味、正解！」と返事できそうです。

鉱物の名称《めいしょう》にも植物の名前に由来するものがたくさんあります。これまでにも「ガーネット（ザクロ）」や「ラベンデュラン（ラベンダー）」「ロードナイト（バラ）」などを紹介《しょうかい》してきましたが、まだまだあります。オリーブ銅鉱《どうこう》は、エーゲ海や瀬戸内《せとうち》の名物である暗い緑色のオリーブの実そっくりの色をしています〈写真2〉。また、ガーネットの中でも赤系《けい》の一部は「ラズベリーガーネット」と呼ばれて人気です〈写真3〉。写真のものはやや色が薄《うす》いのですが、この呼び名は正式な名称ではなく通称《つうしょう》なので、私《わたし》はこの標本にラズベリーのラベルをつけています（本名はスペサルティン、日本名は満礬《まんばん》ザクロ石）。

愛称はいろいろ

大分県南部の尾平《おびら》鉱山や京都府中部の船岡鉱山では、さまざまな水晶《すいしょう》が見つかっていました。その中にはマリモ入水晶〈写真4〉というのがあって、緑泥石《りょくでいせき》などの丸い結晶《けっしょう》集合体がまるで水に浮《う》かんでいる様子を表現した愛称となっています。

またメキシコから見つかる一部のアメシストは細かい結晶のイガイガを体にまとっているため、カクタス（サボテン）〈写真5〉と呼ばれて愛されています。日本には野生のサボテンは見られませんが、兵庫県の温泉地の裏山で見つけた水晶には、細かい結晶がたくさんついていて、カクタス風になっていました〈写真6〉。

第2章

フィールドのみやげ話

クォーツ／水晶（中国産）

第11話 宝は思いがけないところから

デュモルチェライト

Dumortierite／デュモルチ石

1 デュモルチェライト／デュモルチ石

兵庫県琢美鉱山産　▶5㎜

化学式	$Al_7(BO_3)(SiO_4)_3O_3$
硬度	7-8
へき開	１方向完全
光沢	ガラス
名前の由来	フランスの古生物学者の名前

3 マックギネサイト／マックギネス石（和歌山県産）　▶2㎝

2 デュモルチ石（ブラジル産）
▶7㎜

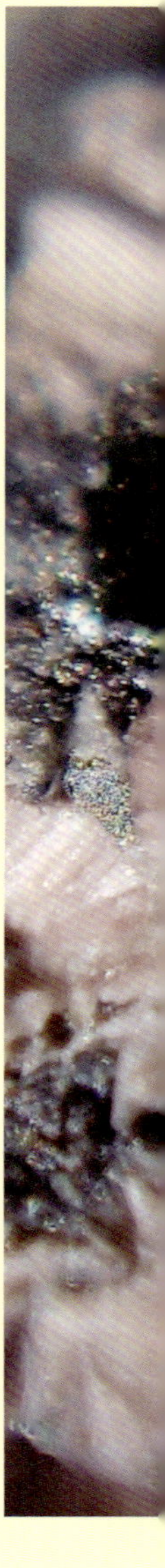

4 キュープライト／毛赤銅鉱（兵庫県産）　▶3㎜

6 左端のピンクの部分がデュモルチ石（兵庫県産）　▶6㎝

5 マグネタイト／磁鉄鉱（奈良県産）
▶3.5㎝

見慣れない桃色の鉱物

2014年のある夏の日。私《わたし》はカッパを着て、フードからひっきりなしにしたたる雨だれも気にせず、ひとり黙々《もくもく》と古い鉱山跡《あと》で石を割《わ》っていました。硫砒鉄鉱《りゅうひてっこう》の美しい大きな結晶《けっしょう》が目当てです。銀白色の硫砒鉄鉱の角張った結晶が、粘土《ねんど》質でスベスベした触《さわ》り心地のセリサイトと硬《かた》い母岩の間にたくさんありました。少しでも大きいものを——と欲張っていたその時、見慣れない鉱物が出てきました。ピンクの細かい針状《しんじょう》結晶が集まったものです。結晶ではなく、塊状《かいじょう》のものもたくさん。「何だろう？」。

この鉱山の古い報告には桃《もも》色のセリサイトが産出した記録がありますが、どうも違《ちが》う。硫砒鉄鉱はコバルトを含《ふく》むものも多いので、ヒ素とコバルトの化合物であるコバルト華《か》かとも思いました。それならここの産地からは初報告かもしれない。喜んで持ち帰り、ルーペで詳《くわ》しく観察しましたが、やはりおかしい。フェイスブックに拡大《かくだい》写真をアップして、「コバルト華発見か！」と書いたら早速反応がありました。京都の益富《ますとみ》地学会館研究員の石橋隆《いしばしたかし》さんでした。

世界で2例目の快挙？

思っていたとおり、「コバルト華ではないのでは？」とのこと。早速、益富地学会館へ持ち込《こ》んでX線回折や化学組成の分析《ぶんせき》をしてもらいました。すると——。アルミニウムとホウ素が主成分のデュモルチ石でした。普通《ふつう》は青や青紫《むらさき》のこの鉱物〈写真2〉が、これほどのピンク色を見せるのは、南アフリカで例がある程度だとか。
「な、なんと！　世界で2例目かも!?」これだから鉱物採集はやめられません。いまでもここの鉱山跡《あと》には、セリサイトの脈の中に、硫砒鉄鉱と一《いっ》緒《しょ》にピンクのデュモルチ石が見られます。いずれにしてもこうした発見は、土木作業に近いほどの肉体労働である鉱物採集魂《だましい》をかき立ててくれることは間違《まちが》いありません。できれば新鉱物をこの手で！　とさえ思ってしまうのです。

発見はいつも偶然

それよりさらに10年近くも前。和歌山県で蛇紋《じゃもん》岩《がん》の露頭《ろとう》を叩《たた》いていたら、突然《とつぜん》鮮《あざ》やかな青緑色の鉱物が出てきました。ここは銅の多い場所なのでありふれた珪《けい》孔《く》雀石《じゃくせき》かと思って持ち帰りました。

しかし分析の結果、国内3例目となるマックギネス石〈**写真3**〉でした。今は私の地元の貝塚《かいづか》市立自然遊学館に寄贈《きぞう》して、展示《てんじ》してもらっています。

兵庫県の別の鉱山跡では、鉱物を溶《と》かして金属を取り出した後に残るカラミ（残滓《ざんし》）を割っていたら、中から深紅《しんく》の針《はり》のような毛のようなものが出てきました。毛赤銅鉱《もうせきどうこう》です〈**写真4**〉。カラミは人工物ですが、中に残った銅と酸素が反応してできた美しいお宝《たから》は、人間と自然のコラボ標本です。

また奈良県南部の河原では、弁当を食べようと何気なく座《すわ》ったら、周りの黒い石が全部磁《じ》鉄鉱〈**写真5**〉だったという経験もあります。ありふれた鉱物でも、こうして思いがけない形で見つけた時の喜びはひとしおです。

第12話

ありふれた鉱物でも出会いは特別

クォーツ／ロッククリスタル

Quartz／Rock Crystal／石英《せきえい》／水晶《すいしょう》

1 クォーツ／水晶

和歌山県すさみ町産　▶結晶の高さ1cm

化学式	SiO_2
硬度	7
へき開	なし
光沢	ガラス
名前の由来	石になった水（水晶、結晶していないものを石英と呼ぶ）

4 **巨大水晶**（広島県産）　▶20㎝

5 **水晶**（京都府産）　▶6㎝

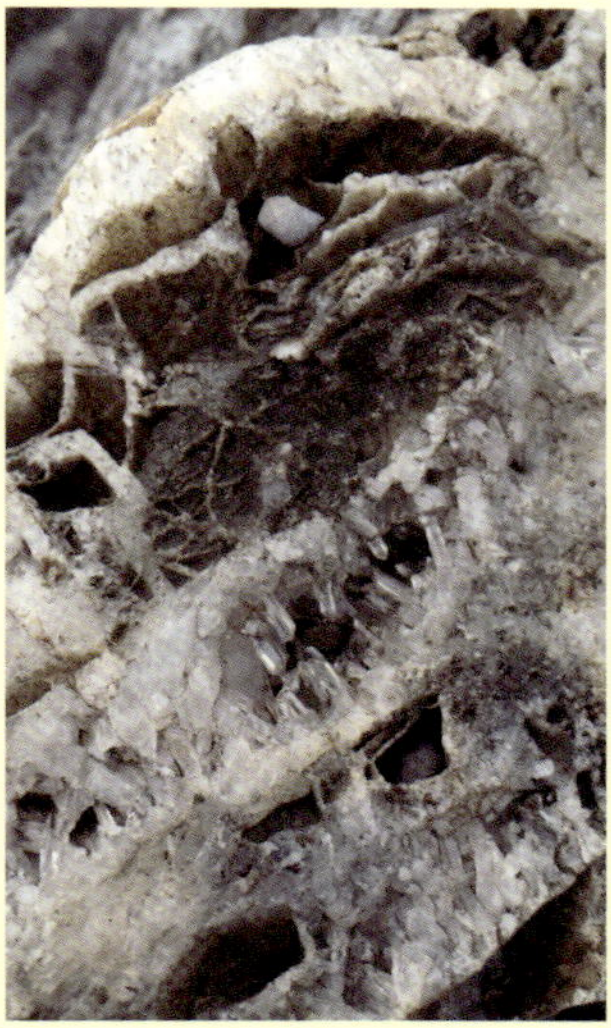

2 **空洞に水晶が生えた石英脈**（和歌山県すさみ町）　▶脈の高さ20㎝

3 **和歌山の海岸に見られるギザギザの石英脈**

6 **黄銅鉱をちりばめた水晶**（青森県産）　▶20㎝

足元に水晶の脈が

偶然《ぐうぜん》というのは面白いもので、あまり欲《よく》をかいているとフィールドで採集しても思い通りの発見がないのに、何気ない時や最初からあきらめているときに限って意外な発見があるものです。和歌山県南部に連なる海岸は、海水浴場になるような砂浜《すなはま》を除《のぞ》くと黒々とした岩がごつごつと並《なら》ぶ、いわゆる荒磯《あらいそ》が続いています。千数百万年前に海底に積もった地層が見られ、地質の世界に関わる者の端《はし》くれとしても、また風景としても非常に好きな海岸線です。

ずいぶん昔ですが、もうひとつの趣味《しゅみ》である鉄道写真を撮影《さつえい》しに、ある海岸へ出かけた時。磯でカメラを調整していて、ふと足元に目をやると白く細い脈が視界《しかい》に飛び込《こ》んできました。「おや？」と思ってしゃがみ、目を近づけたら石英脈でした。ところどころ脈の太いところに空洞《くうどう》があって水晶が密集《みっしゅう》してぴかぴか光っています。その脈は数百ｍも続き、途中《とちゅう》で別の白い脈と交わったりしながら磯《いそ》を縦断《じゅうだん》して海に没《ぼっ》していました。もう撮影どころではありません。

ここ割れワンワン

次の休暇《きゅうか》の日、カメラをハンマーに持ち替《か》えて現地へ行くと、あるわあるわ。水晶をはらむ石英脈〈**写真2**〉が縦横《じゅうおう》に走っているのでした。ひとつひとつは小さくて、あのときしゃがみ込まなければ気づかなかったかもしれません。

さらにその近くには、地下のマグマから吹《ふ》き上がった熱水から析出《せきしゅつ》したままの、板状でぎざぎざの石英脈が立った状態で鋭《するど》く露出《ろしゅつ》していました〈写真3〉。地下に眠《ねむ》っていたものが、長年の波や風による風化で周りの岩石がなくなってむき出しになったのでしょう。観察すればするほど、熱い地球のダイナミックな姿《すがた》に感動するばかりでした。

福は無為《むい》に生ず

広島県では、瀬戸内海《せとないかい》に浮かぶ花崗岩《かこうがん》でできたある島で遊歩道を歩いていて、地面に何気なく目を落としたところ、小さなとんがり帽子《ぼうし》のような水晶の先端《せんたん》を見つけました。掘《ほ》ると下に空洞があって、最大で重さ6kgをはじめとする大きな水晶が6つも出てきました〈写真4〉。重いのでよいしょよいしょと運んだものです。

また京都府のある鉱山跡で、初心者の方々と採集会を催《もよお》した時は、「今日は指導に徹《てっ》しよう」と思っていたのに、到着《とうちゃく》早々直径6㎝ほどの水晶〈写真5〉が目の前におっこちているのを運良く見つけました。この時は「さすが先生！」などとおだててもらったものでした。

石英（水晶）はもっともありふれた鉱物なので、偶然に出会う確率は高い鉱物ではありますが、これほど棚《たな》ぼたのように大物が手に入ると、初心に返って喜んでしまいます。ちなみに、既《すで》に採集できない産地のものは購入もします。1978年まで銅などが採掘《さいくつ》されていた青森県尾太《おっぷ》鉱山の水晶は立派《りっぱ》で、ミネラルショーなどで見かけたらひとつは買い込むことにしています〈写真6〉。

第13話

大阪が誇る大地の花

ドーソナイト

Dawsonite／ドーソン石

1 ドーソナイト／ドーソン石

大阪府貝塚市産　▶5㎜

化学式	$NaAl(CO_3)(OH)_2$
硬度	3
へき開	２方向完全
光沢	絹糸
名前の由来	カナダの地質学者、ウイリアム・ドーソン博士による

2 ナノナビスについたドーソン石　▶ナノナビス1cm

3 一部がパイライト化した二枚貝　▶3cm

4 アラゴナイト／あられ石　▶3.5cm

5 クォーツ／水晶　▶8㎜

ヒナギクのように可憐な鉱物

化石の産地として有名な大阪府泉南《せんなん》地方では、今も化石を求めて多くの人が山を歩いています。化石は恐竜《きょうりゅう》が栄えていた白亜紀《はくあき》の後期に生きていた二枚《まい》貝やアンモナイトが中心で、体長7mにもなる海棲爬虫類《かいせいはちゅうるい》モササウルスの化石も見つかっています。和泉層《いずみそう》群という地層《ちそう》で、奈良県五條《ごじょう》市付近から愛媛県松山市付近まで東西300㎞以上も続く細長い地層群です。約7千万年前の世界を想像しながらの化石採集は楽しいものですが、主に化石が含《ふく》まれる黒い泥岩《でいがん》には、もうひとつとても魅力《みりょく》的なものがあります。それがドーソン石〈写真1〉です。

京都の益富《ますとみ》地学会館主任研究員・藤原卓《ふじわらたかし》さんは、著書『日本の鉱物』の中で「化石を採取した後の岩石に、この美しいドーソン石がついたまま放置されていることがある」と嘆《なげ》いておられますが、この和泉層群のドーソン石は白くて細い針《しん》状結晶《じょうけっしょう》が放射《ほうしゃ》状に密集《みっしゅう》していて、ヒナギクのように可憐《かれん》な、大地の花とさえ言える姿《すがた》をしています。実際に化石そのものに付着しているものもある〈写真2〉ほどで、国内でも産地の少ないこの鉱物が、泉南地方ではごく普通《ふつう》に見つかり、私も貝塚《かいづか》市立自然遊学館主催《しゅさい》のドーソン石採集会を引率したことがあるほどです。

どっちだろう?

化石とドーソン石と一挙両得の産地！　と言いたいところですが、残念ながらいつも貝化石などと一緒《いっしょ》に見つかるわけではありません。採集会を実施《じっし》した露頭《ろとう》も、ドーソン石は脈になっていてどこからでも見つかるのですが、化石の方は、微生《びせい》物の化石（微化石）以外はほとんど見られなかったのです。

しかも悩《なや》ましいのは、この地からはドーソン石と見分けがつかないアルモヒドロカルサイトという鉱物も見つかり、ラベル整理が困難だということです。アルモヒドロカルサイトはドーソン石より産出量が少ないので基本的にドーソン石を優先してラベルを書いていますが、いつかは見極めねばならない、と覚悟しています。

またここのドーソン石は海外でも流通していて、「Sennan, Japan」というラベルのついた標本が売りに出されていることもあります。私《わたし》はカナダ産の標本も持っていますが、色や結晶の美しさでは泉南産に遠く及《およ》ばないものです。

和泉層群は宝の山

泉南の和泉層群では、ほかにもメタルフォッシル（金属鉱物化した化石）〈写真3〉が見つかることもありますし、ドーソン石ともにチカチカとよく光る平べったい結晶のあられ石〈写真4〉も出てきます。さらに一部では珪化《けいか》作用を受けているのか、あるいは和泉層群の下にある花崗岩《かこうがん》体に由来するのか、水晶《すいしょう》〈写真5〉が見つかることもあって、採集の楽しさ満点の地域《ちいき》です。

6 鉱物や化石の採集風景（大阪府）

第14話 青春の思い出

スモーキークォーツ

Smoky Quartz／煙《けむり》水《ずい》晶《しょう》

1 スモーキークォーツ／煙水晶

岐阜県中津川市産　▶結晶高2.5㎝

化学式	SiO_2
硬度	7
へき開	なし
光沢	ガラス
名前の由来	透明感のある濃い茶色が煙を思わせるから

3 **煙水晶**（岐阜県産）　▶結晶高1.5㎝

2 **煙水晶**（岐阜県産、自然遊学館蔵）
▶4㎝

6 **ベリル／緑柱石**（岐阜県福岡鉱山産、自然遊学館蔵）　▶2㎝

5 **フローライト／蛍石**（岐阜県産）
▶結晶5㎜

4 **花崗岩の典型的な晶洞**（岐阜県産、自然遊学館蔵）　▶10㎝

夜明けの森

中学2年生の夏休みですから、もう40年前の話になります。友人と2人、テントと食料品をかついで岐阜県中津川《なかつがわ》市の後山《うしろやま》というところへ出かけました。水晶《すいしょう》やトパーズが眠《ねむ》る超《ちょう》有名産地への初アタック。夜明けの森と呼ばれる山中にテントを立てて、3泊《ぱく》4日の採集の開始です。

当時つけていた日記を読むと、まだやんちゃな中学生2人がワチャワチャしながら鉱物を探《さが》し、鍋《なべ》で米を炊《た》き、カップラーメンをすするという楽しげなサバイバル生活が綴《つづ》られています。

発見は2日目の夕方と3日目の朝。テントのすぐ近くの山道を横切っているペグマタイト（花《か》崗岩《こうがん》をつくる鉱物のひとつひとつが大きく発達したもの）を壊《こわ》していると、突然《とつぜん》ハンマーのとがった先がすっぽりと穴《あな》の中に入ったのです。

「あー、晶洞《しょうどう》や！　やった！」。2人は大騒《さわ》ぎ。料理用に持参していたナイフで中の粘土《ねんど》をかき出すと、粘土の中に黒い水晶《すいしょう》がたくさん眠《ねむ》っていたのでした。灰《はい》色と茶色の大型ハイブリッド〈写真2〉、結晶《けっしょう》の下が溶《と》けたようになっているもの、2つの結晶がくっついたもの（ジャパニーズツインではありません）〈写真3〉。さまざまな煙水晶が次々と姿《すがた》を現してくれて、採集は大成功となったのでした。

石切場で宝探し

高校卒業を控《ひか》えた1983年3月。2度目の岐阜県採集行の場所は、中津川市に隣接《りんせつ》する蛭川《ひるかわ》村田原（今は中津川市と合併《がっぺい》）の花崗岩《かこうがん》石切場や鉱山跡《あと》でした。当時の石切場はどこも盛《さか》んで、花崗岩の中に開いたたくさんの晶洞からさまざまな鉱物が出てくる夢のような産地だったのです。

事務所を訪ねると快く入れてくれ、見学も採集も昼休み時間ならOK。捨《す》ててあるものはいつでも持って帰って、と言われたものでした。さすがにトパーズは人気だからか、あらかじめ取られているようでお目にかかりませんでしたが、水晶や長石が結晶した晶洞内壁《ないへき》〈写真4〉や蛍石〈写真5〉、菱沸石《りょうふっせき》など花崗岩のお宝《たから》を採集できてホクホクでした。

さらに近くの川で砂《すな》をすくうと、1㎝ほどのトパーズもたくさん見つかりましたし、第二次大戦中にタングステンを採掘《さいくつ》していた鉱山跡ではベリルが折り重なったもの〈写真6〉も見つけることができました。

石切場は長い眠りに

2006年、産経新聞夕刊の一面に掲載《けいさい》した「鉱《いし》の美」という連載《れんさい》のために、再び田原を訪《おとず》れました。現地には中津川市鉱物博物館や民間の博物館などの施設があり、この地の産出鉱物の立派な展示を見学したり、宝石探しや石職人体験ができるようになっていて、一日中楽しめます。

しかしながら中国産石材に押《お》されてもはや営業する石切場はほとんどなく、取材させてもらった会社でも、当時人気であった岩盤浴《がんばん》に使う石材を細々と切り出していただけでした。静けさを取り戻《もど》した石切場では、地球のお宝たちが、今も硬《かた》い花崗岩の中で眠り続けているのでしょう。

第15話 奈良の山が抱く宝

サファイア

Sapphire／青玉《せいぎょく》

1 サファイア／青玉

奈良県香芝市産　▶最大の結晶2㎜

化学式	Al_2O_3
硬度	9
へき開	なし
光沢	金剛
名前の由来	ギリシア語の「サフィリス(青色)」から

2 **薬研山のサファイア**（岐阜県産、自然遊学館蔵）　▶結晶の幅４㎜

3 **ルビー／紅玉**（マダガスカル産）
▶結晶の幅1.5㎝

5 **オリビン／ペリドット／かんらん石**
（鹿児島県産）　▶1㎝

4 **緑のサファイア**（マダガスカル産）
▶結晶の幅8㎜

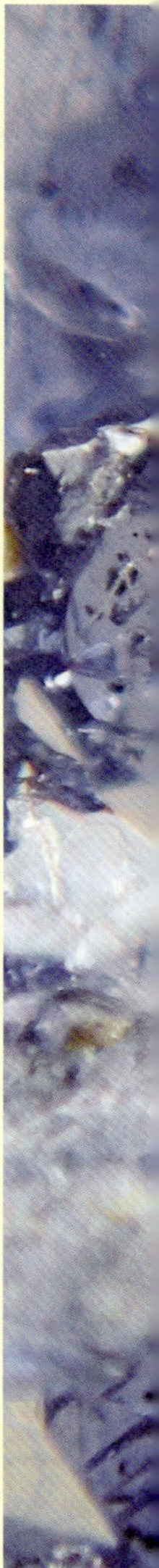

無知とは残念なこと

第1章第1話の最後にも書きましたが、小学生時代、遠足で出かけた奈良県の二上山《にじょうざん》でガーネットを探しました。真っ赤に見える川砂《かわずな》を袋《ふくろ》に入れて持ち帰り、自宅《じたく》でピンセットを使ってガーネットをより分けていました。その時に大粒《おおつぶ》の結晶《けっしょう》を見つけ、それがきっかけで鉱物好きになったのですが、その時砂《すな》の中には他にもさまざまなものがあったのです。

岩石は風化作用で砂になります。岩石を形作っているのは鉱物（造岩鉱物）なので、1400万年前まで火山だった二上山では、溶岩《ようがん》が冷え固まってできた安山岩（含《がん》ザクロ石黒雲母《くろうんも》安山岩）が風化して砂になり、その砂の中に、安山岩の造岩鉱物だったガーネットや黒雲母などがたくさん含《ふく》まれているのです。砂の中には青いガラスのような粒もたくさんありました。しかし、知らないということはとても残念なことです。それらも鉱物だということが判らなかった当時の私《わたし》は、赤いガーネットをより分けて、他の色の鉱物は捨《す》ててしまっていたのです。

二上山がベスト産地

子どもの私の目には青いガラスとしか見えなかったものこそ、この地のもうひとつの名物・サファイアだったのです。今でこそ〈写真1〉のように拡大《かくだい》接写すると美しい結晶がわかりますが、持ち手がついた昆虫《こんちゅう》採集用の虫眼鏡程度ではなかなかわかりませんでした。その後も何度か川砂を取りに行きましたが、あくまでガーネット欲《ほ》しさだったので、サファイアのことなど夢にも思わず、気づくことはありませんでした。

国内でこれほど澄《す》んだ青色のサファイアは見たことがありません。残念ながら大変小さいので宝石になることはないと思われますが、長じてサファイアの存在《そんざい》を知り、「宝《たから》の砂」を探《さが》し求めたのは言うまでもありません。

岐阜県の薬研山《やげんやま》というところでその後見つけたサファイアがあります〈写真2〉。大きさは二上山の倍はあるような大きな結晶で群青色も美しいのですが、透明感《とうめいかん》はあまりありません。またサファイアと色違《ちが》いの同じ鉱物であるルビーの標本も持っています〈写真3〉が、二上山には遠く及《およ》びません。

6 晩秋の二上山（奈良県香芝市）

砂の美しさ

ところで、このように川砂の中に同じ鉱物がたくさん潜《ひそ》む場合、資源《しげん》として採掘《さいくつ》されることがあります。それを砂鉱《さこう》といい、一番よく知られているのは砂鉄《さてつ》（磁鉄鉱《じてっこう》）です。ほかにもチタン鉄鉱や錫石《すずいし》など、魅力《みりょく》的な砂状《さじょう》の鉱物が各地で採集できます。

鹿児島県の薩摩《さつま》半島最南端《なんたん》の川尻《かわじり》海岸には、近くの開聞岳《かいもんだけ》から噴出《ふんしゅつ》した溶岩《ようがん》の成分として混じっていたオリビン（ペリドット、かんらん石）〈写真5〉や砂鉄が、砂浜《すなはま》を形成している部分があります。比重ごとに分別されて混じっていないので、それぞれを採集しやすいことで有名です。

第16話

陽の光でも色を変える

フローライト

Fluorite／蛍石《ほたるいし》

1 フローライト／蛍石

福井県面谷鉱山産　▶5cm

化学式	CaF_2
硬度	4
へき開	４方向完全
光沢	樹脂
名前の由来	ラテン語の「フルール（流れる）」から

2 **世界的に有名な産地の蛍石**（英国産）　▶結晶2㎝

3 **2をブラックライトで光らせたもの**

5 **岩石中の紫色の蛍石**（広島県産）　▶1㎝

4 **イエローフローライト**（スペイン産）　▶2㎝

小さな紫の破片

蛍石は近年さまざまな色の標本を見ることができて、その多様さには驚《おどろ》いてばかりです。今のところ国内産は無色か緑、紫《むらさき》色の3色がほとんどですが、それでも美しいものもたくさんあり、福島県や岐阜県には有名産地もあります。そんな産地のひとつである福井県の面谷《おもだに》鉱山を訪《おとず》れた時のこと――。

どんよりと曇《くも》った朝でした。恐竜《きょうりゅう》フクイサウルスの化石で有名な勝山市からさらに山間部へ入って、大きなダム湖の九頭竜《くずりゅう》湖をめぐる道から奥へ進むと鉱山跡がありました。草木のない斜面にレンガの基礎《きそ》が点在する古代遺跡《いせき》のようなたたずまい。あちこちに散らばるズリ。もう探検家《たんけんか》気分です。

比較的《ひかくてき》大きな緑色の蛍石をいくつか見つけたあと、紫色の小さな破片《はへん》に気づきました。一か所に両方の色が存在《そんざい》するなんて、と喜んで拾い上げ、小さな袋《ふくろ》に大切にしまい込《こ》んだものです。

消えてしまった色

さて、はやる思いで宿泊先《しゅくはくさき》のホテルに戻《もど》ってきました。部屋に入るともう待てません。じっくり蛍石を観察しよう！　と袋から取り出すと……あれ？　紫が見当たらない。形を思い出しながら、確かこれだったはず、と小さいのを手にすると、どういうわけか無色です。何かの見間違《みまちが》いだったのか？　がっかりしながら水洗《みずあら》いして、他のものと一緒《いっしょ》に窓辺《まどべ》に並《なら》べておきました。翌朝《よくあさ》ふと窓辺を見ると、昨晩無色だったはずので小さな破片が誇《ほこ》らしげな紫色になっているではありませんか！

そう、この小さな蛍石は太陽光線の紫外線《しがいせん》に反応して光っていたのです。

蛍石は産地によっては紫外線で強く発光するものがありますが、それでも通常はブラックライトで照射《しょうしゃ》しないと光りません。稀《まれ》には太陽光で発光するものがあると聞いたことはありましたが、まさかそれを自分が手にするとは。

実際にブラックライトで光らせた蛍石〈写真2、3〉は、元は緑色であっても明るい紫色に光ります。面谷鉱山で見つけた他の蛍石も、ブラックライトでとても元気に光ってくれるのです。

6 古代の石造遺跡のような鉱山跡（福井県）

人気者の光る石

蛍石は珍《めずら》しい鉱物ではありません。国内外のあちこちらで見つかりますし、色も黄色〈写真4〉や青など多彩《たさい》です。また無色透明《とうめい》なものはカメラの高級レンズに使われますし、広島県三原市には製鉄会社直営の鉱山があって鉄鉱石の溶融剤《ようゆうざい》として採掘《さいくつ》していたといい、工業的にも利用されていました。今でもここのズリ（鉱山の廃石《はいせき》捨《す》て場）では紫色の蛍石を含《ふく》んだ石〈写真5〉を簡単に見つけることができます。希少価値はなくとも見つけるとうれしくなるのは、やはり色合いの美しさのためでしょうか。鉱物を使った子ども向けのワークショップなどでは、蛍石は光る石として大人気の存在でもあります。

第17話 幻の産地を発見

リナライト

Linarite／青鉛鉱《せいえんこう》

1 リナライト／青鉛鉱

兵庫県辻ヶ瀬鉱山産　▶5㎜

化学式	$PbCu(SO_4)(OH)_2$
硬度	2.5
へき開	1方向完全
光沢	ガラス
名前の由来	スペインの産地リナレスから

3 アングレサイト／硫酸鉛鉱（兵庫県産）▶5mm

2 ポスンジャカイト／ポスンジャク石（兵庫県産）▶5mm

4 ブロシャンタイト／ブロシャン銅鉱（兵庫県産）▶5mm

6 針状結晶が放射状に集まった青鉛鉱（兵庫県産）▶1cm

5 パイロモルファイト／緑鉛鉱（兵庫県産）▶5mm

あきらめかけたその時に

その産地は、当時私《わたし》の中では幻《まぼろし》の産地でした。かつて国内で青鉛鉱《せいえんこう》がたくさん採集できた場所があったそうなのですが、今はどう調べても産地がどこにあるのかわからない、といった具合でした。しかしそうなると、どうしてもつきとめてみたくなるものです。古い資料などを読みあさり、おおまかな場所に見当をつけた私《わたし》はさっそく道具を持って出かけました。

それは兵庫県南東部のとある鉱山跡《あと》でした。山と川に挟《はさ》まれて曲がりくねった県道の脇《わき》に、小さな工場がありました。ここが元の鉱山事務所などがあった場所だろうかと想像しますが、そこから見上げても藪《やぶ》と化した森が見えるばかり。わずかに通れそうな工場脇の茂《しげ》みを、石仲間と2人上がっていって藪の中をさまよいました。急な斜面《しゃめん》を上がり、テラスのような平らな場所で休み、また斜面に取りつくという登り下りを繰《く》り返し、息も上がりっぱなしです。もうだめかとあきらめたその時。目の前がぱっと開け、青々としたズリがあったのです。

青鉛鉱はそんなに珍《めずら》しい鉱物というわけではありませんが、産地の発見はうれしいもの。同行していた石仲間と手を取りあって喜びあったものです。そして、結晶《けっしょう》の形もさまざまな青鉛鉱を採集したのでした。

青だけじゃない

そこはもともと鉛《なまり》や銅を採掘《さいくつ》していた鉱山だったので、風雨にさらされて、鉛に銅と硫酸《りゅうさん》のくっついた鉱物である青鉛鉱ができやすいのでしょう。しかしこの鉱山ではそれ以外にも、水色のものや無色透明《とうめい》でピカピカ光るものなどがザクザクと出てきて、探《さが》せば探すほど面白い産地でした。

水色の鉱物は葉片状《ようへんじょう》のツヤツヤした結晶が微《かす》かにわかるポスンジャク石〈写真2〉。また小さいけれど無色透明なものは金剛光沢《こんごうこうたく》を放つ硫酸《りゅうさん》鉛鉱《えんこう》〈写真3〉、もちろん銅鉱物の定番・緑色の孔雀石《くじゃくせき》もたくさんありますが、やはり目立つのは青鉛鉱です。当時私は小さな鉱物研究会を主宰《しゅさい》していたので、仲間も呼《よ》んで何度も採集に通い、コレクションはにわかに青鉛鉱ラッシュになったものです。

鉱山跡だらけの阪神間

ここからすぐ東の兵庫県と大阪府の府県境に近い山中には、黒川大谷鉱山という銅鉱山がありました。トロッコのレールが残り、にぎやかだった時代の様子を忍《しの》ぶことのできる、廃墟《はいきょ》ファンにとっても興味深そうな場所です。ここでは珪《けい》孔雀石やブロシャン銅鉱〈写真4〉が出てきて、薄《うす》い板状結晶が花びらのように集まる姿《すがた》はなかなかの美しさです。

このように兵庫県南東部は、豊臣秀吉《とよとみひでよし》時代から銀を出していた多田銀山や、柿《かき》ノ木《き》鉱山など鉱山跡だらけ。中には美しい緑鉛鉱《りょくえんこう》〈写真5〉が見つかるところもあって、鉱物探索《たんさく》にはとても有意義な地域《ちいき》なのです。

第18話

山は危険でいっぱい

エリスライト

Erythrite／コバルト華《か》

1 **エリスライト／コバルト華**

モロッコ産　▶1㎝

化学式	$Co_3(AsO_4)_2 \cdot 8H_2O$
硬度	1.5-2.5
へき開	1方向完全
光沢	ガラス
名前の由来	ギリシャ語の「エリスロ（独特の赤）」から

2 **グローコドート／硫砒鉄鉱**(奈良県産)　▶5㎜

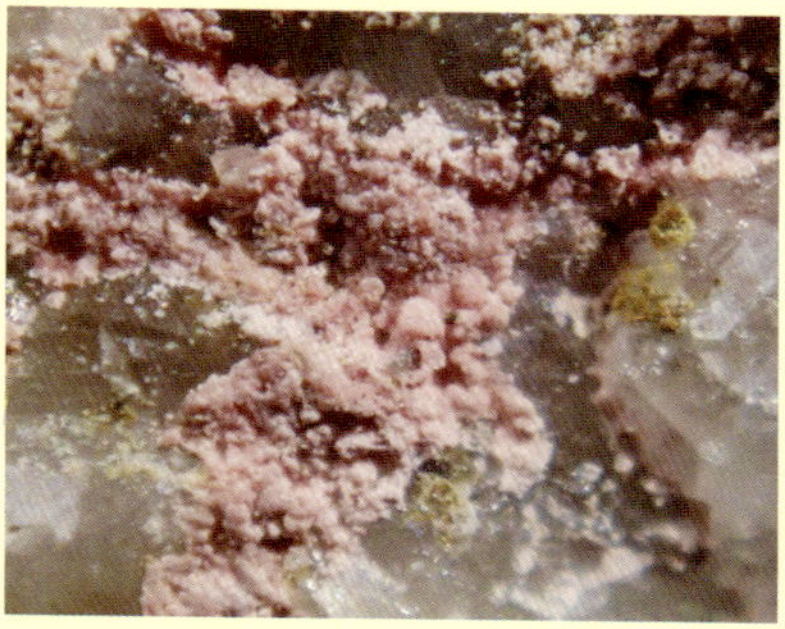

3 **コバルト華**(奈良県産)　▶3㎜

4 **コバルタイト／輝コバルト鉱**（山口県産）
▶結晶2㎜

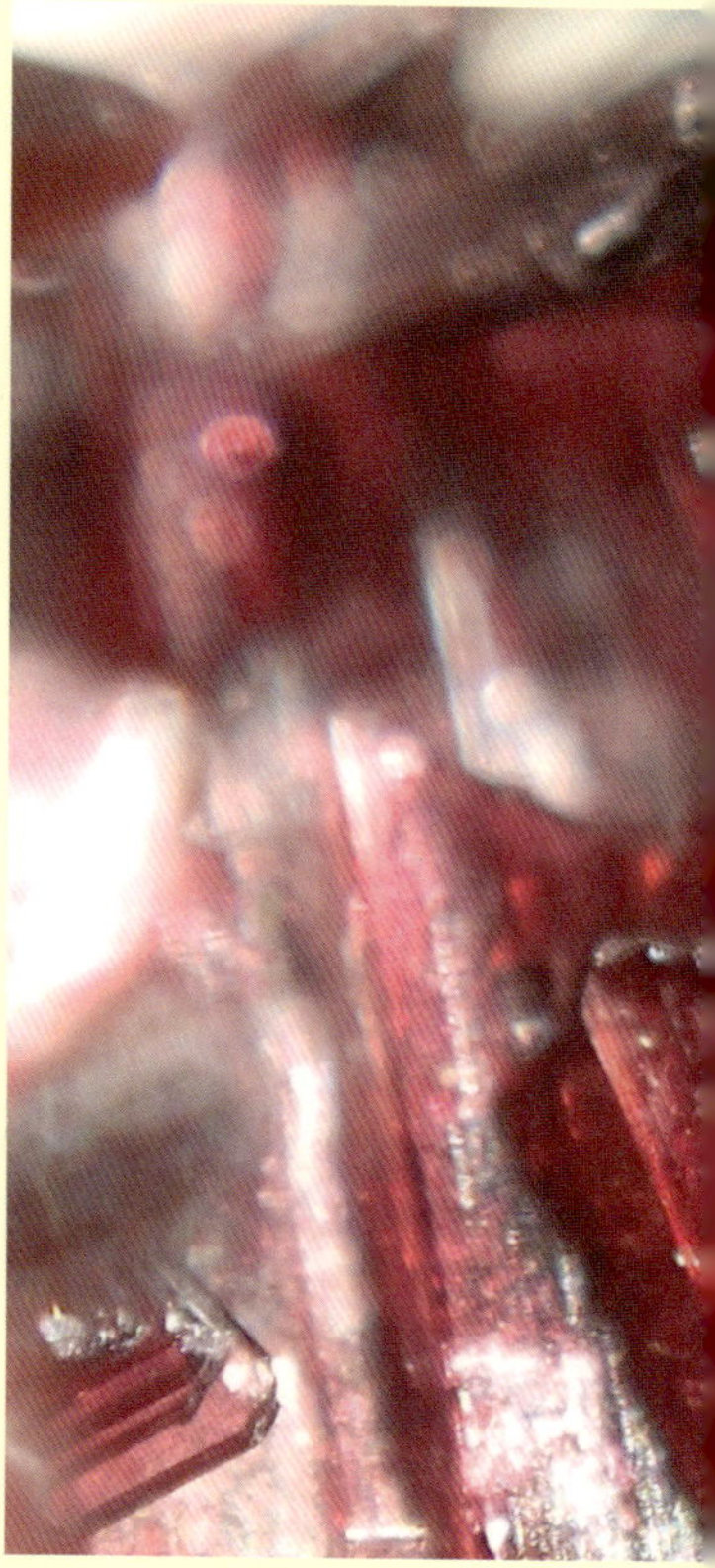

5 **チャルコパイライト／黄銅鉱などの晶洞**(兵庫県産)　▶1㎝

山中に潜む恐怖

ひとりで山に入るのは危《あぶ》ない、とはよく言われます。しかし同好の士が少ない鉱物採集では、特に名のない産地の場合、知人を誘《さそ》って出かけて、結局採集場所がわからないままでは辛《つら》いものがあります。というわけで初めての産地ほど、不本意ながらひとりで出向く機会が増えるのです。

奈良県十《と》津川《つかわ》村最南部にあるその鉱山跡《あと》の存在《そんざい》を知ったのは10年ほど前。コバルトを含む硫《りゅう》砒《ひ》鉄鉱《てっこう》（グローコドート）〈写真2〉を採掘《さいくつ》していたといい、現在は分解物であるコバルト華《か》が見られるとの報告がおおざっぱな地図とともにネットで見つかりました。コバルト華は微妙《びみょう》に紫《むらさき》がかった濃《こ》い紅《べに》色が素敵な鉱物。見つけたい！　と思えば、まずは探査《たんさ》です。

車からそれとおぼしき山道をたどると、すぐに道は途絶《とだ》えて沢《さわ》登りに近いハードな行程に。これと思う転石の表面をルーペで観察しながら沢を登っていると、ルーペの中に硫砒鉄鉱の姿《すがた》がキラリ。「この上だ！　間違いない」。こうなると疲《つか》れ知らずで、私《わたし》はどんどん上流へ登っていきました。

背後から襲われて

やがて鉱山跡のズリにたどり着いて、這《は》いつくばるようにして地面を見ていると、ありました！　色は薄《うす》いもののコバルト華〈写真3〉がついた石が転々と散らばっています。輝《き》コバルト鉱〈写真4〉も見えます。蒸《む》し暑さに加えて襲《おそ》い来る吸《きゅう》血虫《けっちゅう》（蚊《か》ですが）と闘《たたか》い、湿《しめ》った地面特有のかび臭《くさ》さを我慢《がまん》しながら採集して、下山。ところがこのあと思わぬ危険《きけん》が。
沢《さわ》の下りは思ったより斜面《しゃめん》がきつく、足に負担《ふたん》がかかりました。しかもごつごつした岩だらけで慎《しん》重《ちょう》に歩く必要があります。しかし鉱物の大漁に喜び勇んでいたのでしょうか、うっかり石につまずき、そのまま沢を滑《すべ》り落ちそうになったのです。「やばい!」その時、視界《しかい》に杉《すぎ》の木が飛び込《こ》んできました。「これだ!」と思ってとっさに幹に腕《うで》をつくと、なんと木は腐《くさ》っていてそこから折れて真二つになってしまったのです! それでも体勢を崩《くず》しながらも何とか踏《ふ》ん張って立ち止まったその時——。

私《わたし》のリュックに何かがぶつかってきたのです。クマに襲《おそ》われたような激《はげ》しい衝撃《しょうげき》。何とか転ばずに耐《た》え、ゆっくりと振《ふ》り返ると、何と折れた杉の幹の上部が落ちてきたのでした。頭に直撃していたら命の危険《きけん》さえあったでしょう。以来私は山に入る時は必ずヘルメットを着用しています。

危険がいっぱい

自分の背《せ》より高い雑草の茂《しげ》みの中で迷ってしまったり、山道を間違《まちが》えて崖《がけ》っぷちに行きついたり、とにかく自然は危険でいっぱいです。

黄銅鉱《おうどうこう》などが結晶《けっしょう》した晶洞《しょうどう》〈写真5〉を見つけて欲張《よくば》りすぎた時には、リュックを背負《せ》った瞬《しゅん》間《かん》ぎっくり腰《ごし》になったことも。危険を承知とはいえ、やはり仲間同士で出かけるほうが安全安心です。

6 **一寸先は断崖絶壁! 採集にはくれぐれも気をつけて**(広島県)

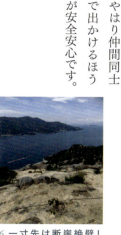

第19話 夜討ち朝駆け鉱物採集

キャシテライト

Cassiterite／錫石《すずいし》

1 キャシテライト／錫石

京都府亀岡市産 ▶1㎝

化学式	SnO_2
硬度	6-7
へき開	２方向不完全
光沢	金属
名前の由来	ギリシャ語で錫を意味する「カシテロス」から

3 スコロダイト／スコロド石（自然遊学館蔵）　▶6㎜

2 シーライト／灰重石　▶1㎝

5 サーピエライト／サーピエリ石（自然遊学館蔵）　▶4㎜

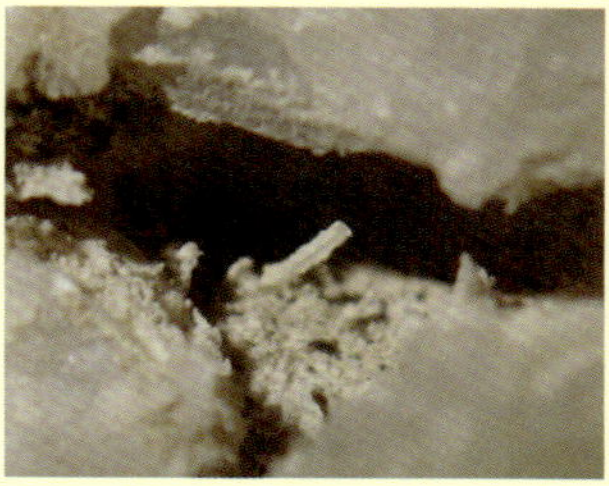

4 ベリル／緑柱石　▶5㎜

6 大谷鉱山で見つけたクォーツ／水晶　▶6cm

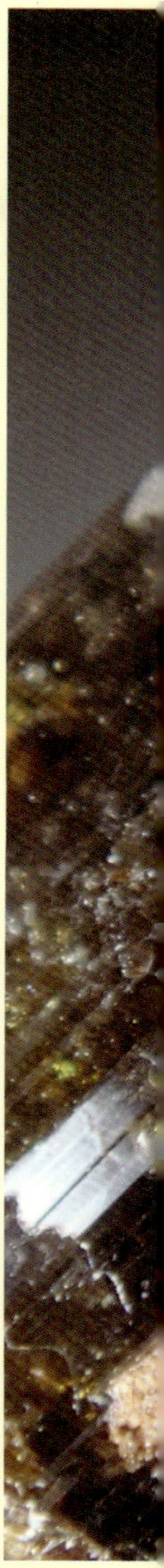

夜明けとともに鉱物採集

新聞記者の仕事には「夜討《ようう》ち朝駆《あさが》け」というのがあります。昼間は会えない取材相手の自宅《じたく》などを直撃訪問《ちょくげきほうもん》するのですが、特に朝は辛《つら》い。早起きして会いたい人が出勤《しゅっきん》のために出てくるのを待つので、どうしても暗いうちから出かけることになります。

ところが京都に在職中に、楽しい朝駆けをしたことがありました。午前4時ごろに起きてマイカーを飛ばし、ハンマーやタガネを持って亀岡市《かめおか》のとある山へ出かけるのです。夜明けとともに石を叩《たた》き、お目当ての鉱物を探《さが》す。8時ぐらいまで採集したら自宅《じたく》へ戻《もど》って着替《きが》え、9時には何食わぬ顔をして記者クラブに出勤というわけです。そんなに短い時間で鉱物採集？　と思われるかも知れませんが、勝手知ったる山の中、2時間もあればお目当ては見つかるもの。鉱物探しなら、苦手な朝駆けも何のそのでした。

種類豊富な産地

なぜそんなにしてまでその山に行くのか。それはそこが京都市内からほど近く、しかも魅力《みりょく》的な鉱物の宝庫《ほうこ》だったからです。一番のお目当ては錫石《すずいし》〈**写真1**〉でした。結晶《けっしょう》の形は水晶《すいしょう》にていて、黒いボディが日光にぎらりと光る。シャープな結晶を見つけた時は、本当にうれしいものでした。

そこは高温熱水鉱床《こうしょう》といって、マグマから吹き上がる熱水の温度が下がり始めたとき早い段階でできる鉱脈の採掘跡《さいくつあと》で、稼働《かどう》時はスズの他にタングステンを採っていたそうです。ですからタングステンとカルシウムからなる灰重石《かいじゅうせき》〈写真2〉もいいものがあったし、同時に出る硫砒鉄鉱《りゅうひてっこう》のお陰《かげ》で鉄とヒ素の二次鉱物であるスコロド石〈写真3〉にも良結晶が見られました。水晶も大きいし〈写真6〉、石英の空洞《くうどう》には緑柱石《りょくちゅうせき》〈写真4〉ができていることも。さらに少し場所を変えると銅の二次鉱物であるサーピエリ石〈写真5〉まで見つかるといった具合です。

そのころは鉱物同好会の主宰《しゅさい》者のひとりでもあったので、休日に初心者の親子連れを連れて出かけたりもしていました。山中を流れる川の中、山の斜面《しゃめん》の林に散らばる石英塊《かい》、鉱山から出たズリ石など探す場所も多様で、何度行っても飽《あ》きることはありませんでした。

宝の山は産廃の山に

これらはもう20年ほど前の話ですが、しかしその頃《ころ》から嫌《いや》な予感はありました。山道を行き来する大型ダンプカー。少しずつ山の谷間に、運ばれてきた廃棄《はいき》物が捨《す》てられていたのです。

京都を離《はな》れてしばらくして、産業廃棄物処理《しょり》のためにその山に入ることができなくなったと聞きました。それ以来行っていませんが、現在ではどうなっているのでしょうか。まだまだいい鉱物が眠《ねむ》っているはずの宝《たから》の山。このように、さまざまな理由で立ち入れなくなった鉱山跡は他にもあると聞きますが、やはり残念でなりません。

第20話

鉱物探しは七転び八起き

バビントナイト

Babingtonite／バビントン石

1 バビントナイト／バビントン石

福島県いわき市産　▶1cm

化学式	$Ca_2(Fe^{2+},Mn)Fe^{3+}Si_5O_{14}(OH)$
硬度	5.5-6
へき開	1方向完全
光沢	ガラス
名前の由来	アイルランドの鉱物学者、ウィリアム・バビントン博士から

2 アンドラダイト／灰鉄ザクロ石（福島県産）▶5㎜

3 リリアナイト／リリアン鉱（福島県産）▶3㎜

4 キースラガー（茨城県産）▶5㎝

5 アルマンディン／鉄礬ザクロ石（茨城県産）▶最大結晶2.5㎝

6 八茎鉱山の岩石に大量に埋もれたバビントン石（福島県産）▶10㎝

洪水の後で

2010年7月、西日本から東日本にかけての広い範囲《はんい》が大雨に見舞《みま》われました。6日には福島県郡山《こおりやま》市で集中豪雨《ごうう》が起こり、周辺地も含《ふく》めて大きな被害《ひがい》が出ていました。その10日ほど後、私は郡山の南東に位置するいわき市に降《お》り立ちました。目指すは八茎《やぐき》鉱山。当時は石灰岩《せっかいがん》の採石を行っていましたが、その奥《おく》にかつて銅やタングステンを採掘《さいくつ》した際のズリが残っているのでした。

現地はちょろちょろと流れる小さな川を挟んだ両岸に、不要になった廃石《はいせき》が積み上げられているという情報でしたが、実際に入ってみるとどんでもないことになっているではありませんか。豪雨の影響《えいきょう》で川はごうごうたる激流で、石が積み上げられていたはずの岸はあちこちで大きくえぐれ、巨岩《きょがん》がごろごろしているのです。危険《きけん》を感じ、とても採集どころではないかもと途方《とほう》に暮《く》れながらも、気を取り直して恐《おそ》る恐る探し始めました。

すると間もなく気づいたのです。ここで一番手に入れたかったバビントン石を大量に含《ふく》んだ大きな石がごろごろ転がっていることに〈写真1、6〉。どれも表面が新鮮《しんせん》なので、ズリに埋《う》もれていたものが、大水によって掘《ほ》り起こされたのでしょう。人力では掘り起こすこともできない自然の破壊《はかい》力で、再び地上に現れたお宝《たから》。郡山方面での被害を考えると素直には喜べませんでしたが、バビントン石をはじめ、アンドラダイト〈写真2〉や珍《めずら》しいリリアン鉱〈写真3〉などをありがたく採集して山を下りました。

2度目のガッカリ

この時は翌日《よくじつ》に日立鉱山跡《あと》などを巡《めぐ》りました。日立鉱山は大きな金属鉱山で、総合電機メーカー・日立製作所発祥《はっしょう》の地でもあります。日鉱記念館という鉱山跡の資料館もあってここを見学するだけでも値打《ねう》ちがありますが、せっかくなので、いくつかあるというズリのひとつを訪《おとず》れてみました。

しかしこちらは、前日の八茎鉱山とは逆にきれいに整地されていました。一部には芝生《しばふ》も植えられるなどしていて、これでは採集はできません（もちろん環境《かんきょう》保全のためにはこうした整地が望ましいでしょう）。再度途方に暮れましたが、こぼれ落ちて散乱《さんらん》している石をいくつか割《わ》ってみると、黄銅鉱《おうどうこう》を主体にしたキースラガーという鉱石〈**写真4**〉やほとんど雲母《うんも》に変質した菫青石《きんせいせき》が見つかりました。

2度あることは3度ある

不幸にして産地にたどり着かないこともありました。最後に向かった茨城県北茨城《きたいばらき》市のペグマタイト地帯では、頼《たよ》りのガイドブック通りに行ってもそれらしい場所が見つかりません。3度途方に暮れて道路整備中の崖《がけ》の前に腰《こし》を下ろし、あきらめかけた時、ふと目の前のペグマタイト片《へん》が目に入りました。手にとって裏《うら》返してみたら、見事なアルマンディン〈**写真5**〉がついていたのでした。

災害の影響《えいきょう》や道路工事などで思わぬ鉱物に出会うことがあります。嬉《うれ》しい一方で、自然の力や工事に従事《じゅうじ》している人への畏敬《いけい》の念を忘《わす》れないようにしなければと思います。

第3章

文化の裏に鉱物あり

アクアマリン（パキスタン産、大高coll）

第21話 イーハトーヴの夜の青

カイヤナイト

Kyanite／藍晶石《らんしょうせき》

1 カイヤナイト／藍晶石

ブラジル・ミナスジェライス州産 ▶5cm

化学式	Al_2SiO_5
硬度	4.5–7
へき開	3方向完全、良好
光沢	ガラス
名前の由来	ギリシャ語の「キアノス（暗い青色）」から

2 **ビスマス／自然蒼鉛**(兵庫県産)　▶5㎜

4 **バイオタイト／黒雲母**（滋賀県産）
▶3㎝

3 **アズライト／藍銅鉱**（モロッコ産）
▶1㎝

6 **グリーンカイヤナイト**（タンザニア産）　▶1㎝

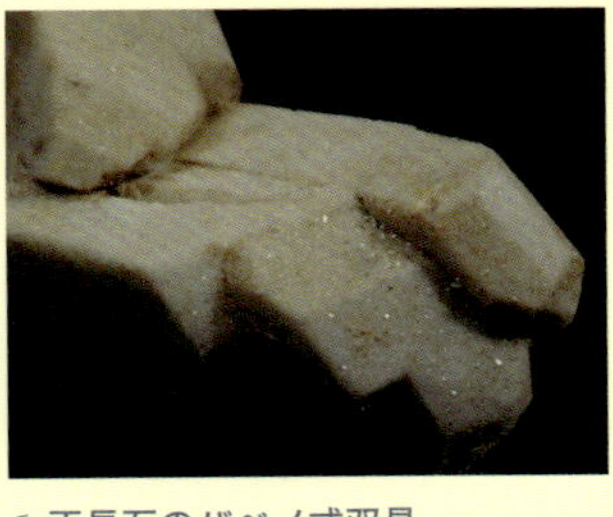

5 **正長石のバベノ式双晶**
（岐阜県産）　▶5㎝

賢治の色の表現

「その黄金《きん》いろのまひるについで、藍晶石《らんしょうせき》のさわやかな夜が参りました」。宮沢賢治《みやざわけんじ》の『まなづるとダァリヤ』という童話の一節です。この童話の中には、他にも「シトリン（黄水晶《きずいしょう》）」が出てきます。

いずれもストーリーの本筋《ほんすじ》には関係ないのですが、「藍晶石のさわやかな夜」という表現で賢治が何を描写《びょうしゃ》しているのか、〈写真1〉を見れば納《なっ》得《とく》できることと思います。暮《く》れたばかりの快晴の空を見上げたとき、その透明《とうめい》感のある群青色に目を見張った経験のある方も多いのではないでしょうか？　ちなみにシトリンは薄明穹《はくめいきゅう》、つまり夜空の三日月のたとえです。

にぎやかな鉱物たち

賢治は鉱物が大好きで、幼《おさな》いころは「石っこ賢さん」と呼《よ》ばれていたそうです。岩手・花巻《はなまき》地方有数の富商の家に生まれた彼《かれ》が長じて農林学校の先生になったのは、飢饉《ききん》や冷害で苦しむ農民を救いたいという思いがあったのかもしれませんが、もうひとつ、地質や土壌《どじょう》といった農業に不可欠な地学的な興味や知見を持っていたからに違《ちが》いありません。

賢治の童話や詩の中には、鉱物や地質に関する話や描写があふれています。代表作である詩『永《えい》訣《けつ》の朝』では、みぞれ雲を蒼鉛《そうえん》（ビスマス）〈写真2〉にたとえています。また『オホーツク挽歌《ばんか》』で海の色をアズライト（藍銅鉱《らんどうこう》）〈写真3〉と表現していますし、『銀河鉄道の夜』ではアルビレオの観測所の平屋根の上でサファイアとトパーズの玉が回っていたり。中でも出色なのは、『楢《なら》ノ木大学士の野宿』です。野宿している大学士の枕元《まくらもと》で、花崗岩《かこうがん》に含《ふく》まれる造岩鉱物のホルンブレンド（普《ふ》通角閃石《つうかくせんせき》）とバイオタイト（黒雲母《くろうんも》）〈写真4〉が言い争いを始め、オーソクレースの双子《ふたご》（正長石の双晶《そうしょう》）〈写真5〉がなだめに入り、みんなで病気（風化）に身をさらされる苦労を語りあったりするのです。擬人化《ぎじんか》された鉱物たちがにぎやかにおしゃべりをしていて、しかも全て地学的な裏《うら》づけのある内容なので、こんなに面白くユニークな童話はありません。

緑のカイヤナイト

ところでこの藍晶石《らんしょうせき》にはほかに「二硬石《にこうせき》」という別名があります。「二硬」というのは、結晶《けっしょう》が長細くて、長い面に沿《そ》って平行に傷《きず》つけるのと直角に傷つけるのとで硬度が全く違《ちが》うからです。ほとんどの鉱物はどこをとっても硬度は同じで、それが鉱物同定の手がかりになるのですが、そうはいかないのが藍晶石なのです。それでも「二硬石」というのはあまりに味気ない気がします。せっかくの別名なら、賢治へのオマージュとして、「爽宵石《そうしょうせき》」というのはいかがでしょうか。

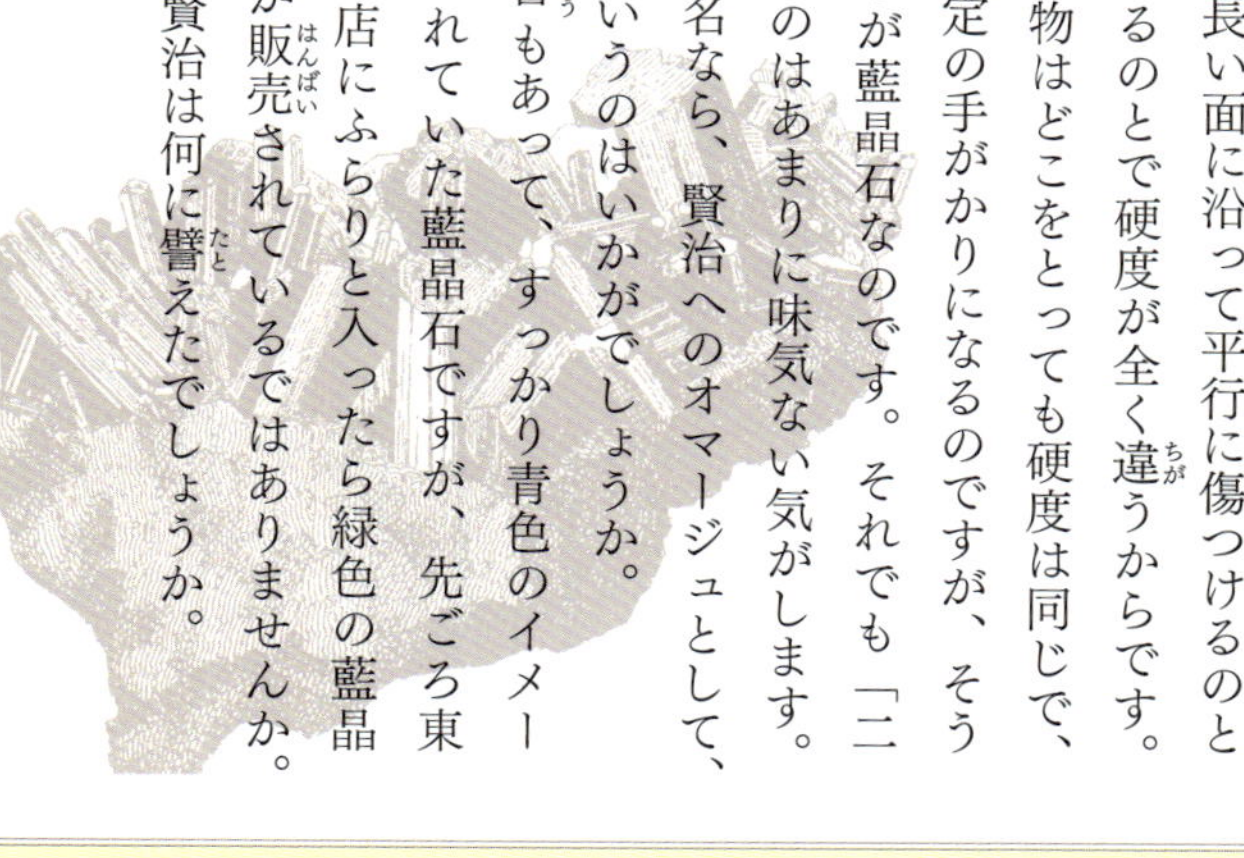

賢治の影響《えいきょう》もあって、すっかり青色のイメージが刷り込《こ》まれていた藍晶石ですが、先ごろ東京のある標本店にふらりと入ったら緑色の藍晶石〈写真6〉が販売《はんばい》されているではありませんか。これを見たら賢治は何に譬《たと》えたでしょうか。

第22話

天然ばかりが全てじゃない

ベリル／エメラルド

Beryl/Emerald／緑《りょく》柱《ちゅう》石《せき》

1 エメラルド

オーストリア産　▶1cm

化学式	$Be_3Al_2Si_6O_{18}$
硬度	7.5–8
へき開	なし
光沢	ガラス
名前の由来	エメラルドはギリシア語の「スマラグダス（緑の石）」から

2 **ターコイズ／トルコ石**（栃木県産）
▶2㎝

3 **ユークレース**（ブラジル産）
▶1㎝

4 **クリソベリル／金緑石**（ブラジル産）
▶6㎜

5 **ダイオプテース／翠銅鉱**（アフガニスタン産）　▶7㎜

6 **六角柱状のベリルの大型結晶**（佐賀県産）　▶結晶の高さ4㎝

人工も捨てたものではない

天然ダイヤか人工ダイヤか、といわれれば誰《だれ》しも天然石に飛びつくでしょう。同じ炭素原子だけでできているのは天然も人工も同じ。それでも天然の方を選ぶのは、やはりありがたみが違《ちが》うからでしょうか。

エメラルドはエジプト王朝の女王クレオパトラ7世（紀元前69年～前30年）が愛した宝石《ほうせき》ですが、天然のものはとても微細《びさい》な傷《きず》などが多く、そのままで宝石として使えるものはごくわずかです。そこで宝石として出回るものであっても、多くは人間の手によって樹脂《じゅし》を染み込《こ》ませるなどの処理《しょり》が施《ほどこ》されているという具合ですから、自然科学的な標本として美しいものが出回ることはなかなかないでしょう。

しかし「何だ、人工処理されているのか」と思わないでください。標本としての鉱物は自然のままの姿《すがた》を保存《ほぞん》するのが原則なので、加熱処理などがされた加工品は参考程度の存在《そんざい》ですが、宝石というのは、「地球がくれた贈り物」と言うよりも、「人間が文明文化にあわせて生み出す物」だからです。

人間の工夫

エメラルドにも人工のものがあり、その生産現場を取材をしたことがあります。何と地球の内部と同じような条件のマグマを作って、ベリリウム（Be）というレアメタルを含《ふく》むエメラルドの材料を入れ、数年をかけてゆっくりと温度を下げて生成するという大変な努力と手間がかかる工程でした。しかも、それでも天然と同じように傷物がほとんどで、宝石として販売《はんばい》できる物は少ししかできないということで、その希少さに驚《おどろ》いたものです。

エメラルドだけではありません。トルコ石〈写真2〉も人工処理される代表的な宝石です。高品位のものはエメラルド同様大変少ないので、表面にワックスや油を塗って発色を良くするほか、市場での価値《かち》は下がるとされていますが、細かい土状のものを寄せ集めて固めたり（再構築）、樹脂を高圧で注入したりと、高度な技術が施されています。

エメラルドのバリエーション

エメラルドは、ベリル（緑柱石）という種の鉱物で、仲間にはアクアマリン（水色）、ヘリオドール（黄色）などがあります。またベリリウムを含むという点では、ユークレース〈写真3〉という鉱物も従兄弟《いとこ》くらいの関係と言えます。またクリソベリル（金緑石）〈写真4〉はベリリウムを主成分とする宝石として、ベリルに負けない人気を誇《ほこ》っています。

18世紀にカザフスタンで濃《のう》緑色の結晶《けっしょう》鉱物がたくさん見つかり、エメラルドだと騒《さわ》がれたことがあったそうです。結果は全く異《こと》なり、ベリリウムではなく銅を主成分とする翠銅鉱《すいどうこう》〈写真5〉という鉱物でした。硬度《こうど》が低いため傷がつきやすく、残念ながら宝石の仲間入りにはならなかったのですが、大変美しく、ペンダントなどの宝飾《ほうしょく》品として使われているようです。

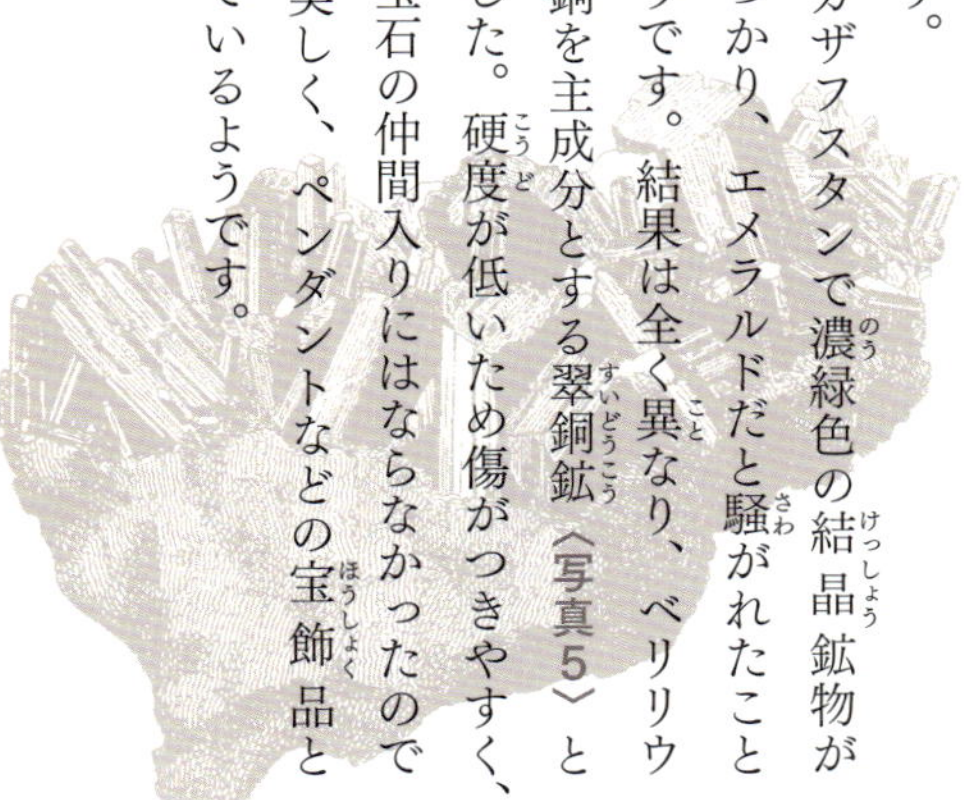

第23話 不思議なパワーを持つ？ 夜の宝石

ベリル／アクアマリン

Beryl/Aquamarine／緑柱石《りょくちゅうせき》

1アクアマリン

パキスタン産 ▶結晶の幅6㎜

化学式	$Be_3Al_2Si_6O_{18}$
硬度	7.5–8
へき開	なし
光沢	ガラス
名前の由来	アクアマリンは海の精が打ち上げられて石になったという言い伝えから

4 セレスタイト／天青石（マダガスカル産）　▶3㎝

2 色が薄いタイプのアクアマリン（ナミビア産）
▶5㎜

3 ローズクォーツ／紅石英（ブラジル産）　▶7㎜

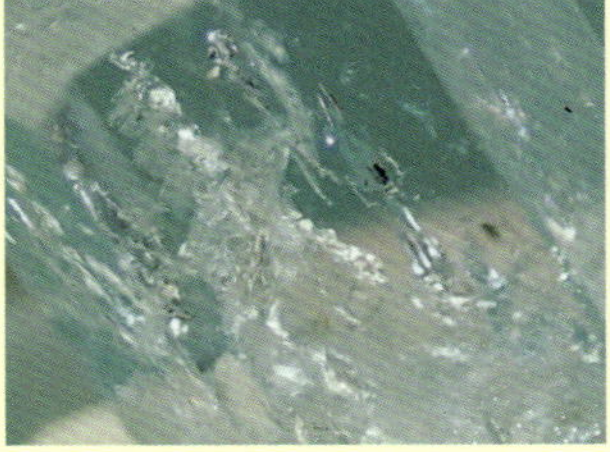

6 内部が泡立っているようなアクアマリンの結晶（パキスタン産）　▶5㎜

5 オレンジカルセドニー／玉髄（茨城県産）　▶6㎝

水夫のお守り

アクアマリンは文字通り、まさに「海の水《マリンアクア》」という見た目で、3月の誕生石《たんじょうせき》として人気の高い鉱物です。エメラルドに比べると見つかりやすく、宝石質《ほうせき》のものでなければ日本国内でも各地で見つかります。そんなわけで、海外では古くから水夫や漁師など海に関わる仕事をしていた人々が、お守りとして持っていたということです。海の水の化身を持っていれば水難《すいなん》からのがれることができる、といったところでしょうか。標本によっては本当に水のように色が薄《うす》いもの〈写真2〉もあります。

また原石の標本ではよく分かりませんが、ロウソクの火など夜の灯りで一層輝《いっそうかがや》きが増すことから「夜の宝石」などという少し艶《つや》っぽいあだ名もあって、中世ヨーロッパの貴族《きぞく》が好んで身につけていたとか。月の光で妖《あや》しく光る、などという逸《いっ》話《わ》もあります。カットされた宝飾《ほうしょく》品をお持ちの方は、一度試してみてはいかがでしょうか？

他にもギリシャ神話では、太陽神アポロンの妹で月の女神ディアナの石という言い伝えがあって、月光で妖しく光るという先の話とリンクしますね。時代は下って18世紀のフランスではルイ16世夫人マリー・アントワネットが愛したなど、アクアマリンには何かにつけてエピソードがついて回ります。同じベリルの一種であるエメラルドを愛したのがエジプトの世界的美女・クレオパトラ7世だったという話と、対をなしているようにも思えて興味深い限りです。

信じるかはあなた次第

今も昔も人気者のアクアマリン。近年ではパワーストーンとしての人気も高いようです。古くは「石薬《せきやく》」といって、一部の鉱物には薬効があるとして利用されていましたし（これについては第3章第24話で紹介《しょうかい》）、実際に効能のある石薬もあったようですが、持っているだけで人の運ややる気、恋愛《れんあい》に直接はたらきかけるパワーがあるのかどうかはわかりません。しかしこうしたものは気の持ちようなので、完全に否定《ひてい》されるべきものでもないと思っています。

パワーストーンの紹介を見てみると、アクアマリンの効能には「勇気や行動力をつけてくれる」とか「安心感が得られて優《やさ》しくなる」といった記述が見られます。「幸せな結婚《けっこん》生活をもたらす」というものもあって、誠《まこと》に結構なパワーストーンのようです。

いくつか持てば一安心？

私《わたし》は普段《ふだん》はこういう石のパワーには無頓着《むとんちゃく》ですが、調べれば調べるほど興味深い世界です。ローズクオーツ〈写真3〉は、アクアマリンの効用の前段階《だんかい》、つまり恋愛を成就させてくれるのだとか。そして恋人《こいびと》や夫婦の間を落ち着いたものにしてくれるのがセレスタイト〈写真4〉。これに加えて辛《つら》いときに心を静めてくれるカルセドニー〈写真5〉があればケンカも乗り越えて、夫婦円満。私は全てもっているので一安心です。

第24話

鉱物は薬にもなる

ハイドロジンサイト

Hydrozincite／水《すい》亜《あ》鉛《えん》土《ど》

1 ハイドロジンサイト／水亜鉛土

メキシコ、ソノラ州産、自然遊学館蔵　▶1㎝

化学式	$Zn_5(CO_3)_2(OH)_6$
硬度	2–2.5
へき開	1方向完全
光沢	絹糸
名前の由来	英名・日本名とも亜鉛と水酸基を成分に持つことから

2 **フローライト／蛍石**(中国産)　▶結晶の幅3㎝

3 **クォーツ／水晶**(奈良県産)　▶結晶の高さ1.5㎝

4 **ヘマタイト／赤鉄鉱**(スイス産)　▶結晶の幅4㎜

5 **モスコバイト／白雲母**（奈良県産）
▶2㎝

目薬にどうぞ

歴史上、最初にタコを食べた人は、ずいぶん勇気があったのだなと思います。捕《つか》まえることさえ不気味な風貌《ふうぼう》で、黒い墨《すみ》を吐《は》くのに毒はないのか？　切っても足が動いているのは不死身か？　ずいぶんとハードルは高かったでしょう。

ところで、水亜鉛土《すいあえんど》は亜鉛と炭酸基などからなる鉱物です。見かけこそ白く、柔《やわ》らかな印象で実際に土状の姿《すがた》をしていることが多いので、鉱物の中では有機物っぽく見えます。それにしてもこれを目薬として初めて目に入れた人には敬意《けいい》を表さずにはいられません。私《わたし》も愛読してやまない益富寿之助《ますとみかずのすけ》博士の『石――昭和雲根志《うんこんし》』〈写真6〉には、この水亜鉛土が眼薬の原料となる「炉甘《ろかん》石《せき》」として記載《きさい》されています。それによるとまずは焼いて粉々に砕《くだ》き、梅肉や蜂蜜《はちみつ》などを混ぜ、ペースト状になったものを絹《きぬ》の袋《ふくろ》に入れ、ハマグリなどの二枚貝《にまいがい》の入れ物に詰《つ》めて売っていたといいます。使うときは貝殻《かいがら》から出して袋ごと水につけて中身を出し、その水を目に入れたとか。「井上眼洗薬《がんせんやく》」という名で明治時代まで売られていたようです。

鉱物目薬の薬効成分

原料が鉱物なんて眼に入れるのも怖《こわ》いような水ですが、主成分はクエン酸亜鉛という物質で、トラコーマなどの眼病によく効いたそうです。調べてみると、現在の代表的な目薬にも亜鉛系《けい》の化学物質が主成分として入っていて、亜鉛化合物が眼の治療《ちりょう》に有効なのはあきらかです。これを先人の知恵《ちえ》と呼《よ》ぶのでしょう。なおこの井上眼洗薬にはジェネリック商品も出回っていたといいますから、薬の世界は江戸《えど》時代も現代と変わらなかった様子がうかがえるのもまた興味深いところです。

　亜鉛は元来、人体には欠かせないミネラルです。亜鉛が不足すると、ものの味がわからなくなる病気（亜鉛欠乏症《けつぼうしょう》）になることは有名です。そのためサプリメントも各種ありますし、貝類には亜鉛をたくさん含《ふく》むものがあるといいます。

いろいろな石薬

ところでこうした薬に使われる鉱物を石薬と呼びます。1700年前の中国の古書『神農本草経』という本には「紫石英《しせきえい》」の名で蛍石《ほたるいし》〈写真2〉が紹介されて、粉にして飲めばまろやかでうまいとか不妊《ふにん》に効くといったことが書かれています。また水晶《すいしょう》〈写真3〉も薬になったようです。

　一方、粉末にすると赤くなる赤鉄鉱〈写真4〉は止血に使われていました。赤鉄鉱は鉄と酸素の化合物で特に重要な鉄鉱石ですが、そうした効果が本当にあるのか、寡聞《かぶん》にして知りません。また奈良の大仏を造立させた聖武天皇《しょうむてんのう》と后《きさき》の光明皇后《こうみょうこうごう》ゆかりの品などを収《おさ》めた正倉院にも石薬があって、益富博士らによって調査がなされました。例えば白雲母〈写真5〉を粉にしたものは、整腸剤《せいちょうざい》、強壮剤《きょうそう》として使われていたそうです。石薬から人間と鉱物の古くからの関わりがよく分かると思います。

6 江戸時代の目薬を紹介する『石――昭和雲根志』（白川書院）

第25話 奈良の大仏をおめかしする

ゴールド Gold／自然金

1 ゴールド／自然金

鹿児島県赤石鉱山産 ▶1㎝

化学式	Au
硬度	2.5
へき開	なし
光沢	金属
名前の由来	古英語で「金属」の意味から

2 **自然金**（和歌山県産、自然遊学館蔵）　▶5㎜

3 **シナバー／辰砂**（中国産）　▶結晶の幅4㎜

4 **辰砂**（奈良県産）　▶1㎝

5 **テトラヘドライト／安四面銅鉱**
（秋田県産）　▶2.5㎝

大仏を造れ！

歴史の中に登場する天皇《てんのう》の中でも、飛鳥・奈良時代には個性の光る天皇がずいぶんいます。大化の改新を推し進めた天智《てんじ》天皇（中大兄皇子《なかのおおえのおうじ》）、弟の天武《てんむ》天皇、その皇后《こうごう》であった持統《じとう》天皇……と名前が挙がりますが、聖武《しょうむ》天皇は奈良の大仏を建立した天皇として有名です。

彼《かれ》は紫香楽《しがらき》宮（近江《おうみ》、現・滋賀県）へ遷都《せんと》し、再び平城京へ戻《もど》りましたが、「大仏造立の詔《みことのり》」（743年）を出したのは紫香楽宮だったので、本当ならば「滋賀の大仏様」が誕生《たんじょう》したはずでした。しかし失敗し、奈良に戻って再チャレンジするのですが、これもうまくいくあてはありませんでした。高さ16ｍ、全身を金で覆《おお》う銅像を造るというのに、当時国内には自然金の産地はなく、大陸からの輸入でまかなっていたのですから。しかし輸入金は色が気に入らない。天皇の命《めい》で国内で金探《さが》しが始まりました。国民にはずいぶんとプレッシャーもあったことでしょう。

そして詔の発布から6年後、ついに国産初の金が東北地方からもたらされます。それが陸奥《むつ》（現・宮城県涌谷《わくや》町）の砂金900両（約38kg、現在の小売価格で約2億円）です。砂金《さきん》は鉱脈のある岩石が風化して含《ふく》まれていた自然金が抜《ぬ》け落ちたもので、文字通りころころとした砂《すな》状ですが、岩石の中では結晶しています〈写真1、2〉。

大仏を金メッキする

さて大仏様の金メッキに使った金の量は約4200両（176kg）と推定《すいてい》されています。「おや、意外と少ないな」と思われるかも知れませんが、金は1万分の1㎜の金箔《きんぱく》だとたった1gで約5000㎠にも広げられるので、176kgもあれば約8万8000㎡（東京ドームおよそ1.8個分）にも延《の》ばすことができるのです。

しかし金箔をそんなに大量に作るのは途方《とほう》もない手間が必要になるので、大仏造立の際に実際に使われたのはアマルガム蒸着《じょうちゃく》法という金メッキの技法でした。奈良県は昭和40年代まで大きな水銀鉱山があったほどの水銀産地で、辰砂《しんしゃ》〈写真3、4〉がその資源《しげん》でした。辰砂から水銀を取り出すと常温では液体なので、高温で溶《と》かした金をその中に混ぜ、大仏に塗《ぬ》りつけていくことができるのです。その後、火のついた熱い炭を近づけると、水銀が先に蒸発《じょうはつ》して大仏には金だけがくっつく、というわけです。

6 **東大寺盧遮那仏**（奈良県）

銅は"ならのぼり"から

大仏様は延《の》べ40万人以上の技術者と200万人以上の役夫が従事《じゅうじ》し、6年をかけて完成しました。使われた銅は100t《トン》余りで、山口県では奈良へ銅を供出《きょうしゅつ》した鉱山は「ならのぼり」（現・長登）と呼《よ》ばれていました。その鉱山では昭和30年代も斑銅鉱《はんどうこう》や黄銅鉱《おうどうこう》、安四面銅鉱《あんしめんどうこう》〈写真5〉を産出したという記載《きさい》があるので、こうした銅鉱物を主に採掘《さいくつ》していたのでしょうか。

第26話

放射性セシウムを除去する沸騰する石

ゼオライト

Zeolite／沸石《ふっせき》

1 チャバサイト／菱沸石

埼玉県吉見町産　▶結晶の幅3㎜

化学式	菱沸石は$(Ca,Na_2,K_2)_2(Al_4Si_8O_{24})\cdot 12H_2O$
硬度	4–5
へき開	不完全
光沢	ガラス
名前の由来	ギリシア語で「沸騰する（zoe）石（lithos）」

3 **スティルバイト／束沸石**（静岡県産）　▶1㎝

2 **アナルシーム／方沸石**（新潟県産）　▶2㎝

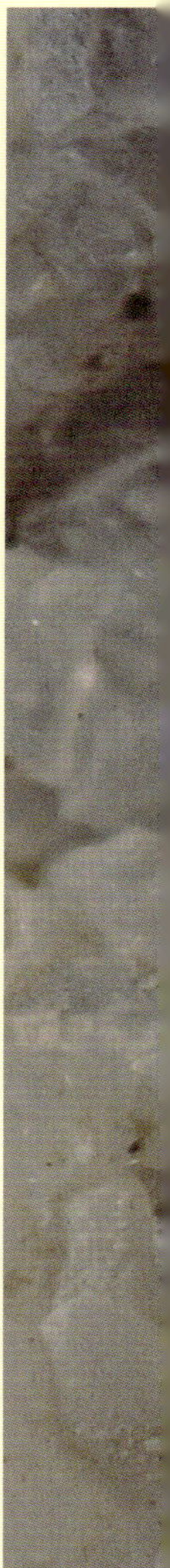

4 **ヒューランダイト／輝沸石**（静岡県産）　▶8㎜

6 **アナルシーム（無色）とソーダ沸石（白色）の露頭**（新潟県新潟市西蒲区間瀬）　▶5㎝

5 **ユガワライト／湯河原沸石**（静岡県産）　▶2㎝

放射能除去剤として

2011年3月11日の東日本大震災《しんさい》。〝想定外〟と言われた大きな津波《つなみ》で東京電力福島第一原子力発電所は重大な事態となり、8年以上たった今も事故で溶《と》け落ちた核《かく》燃料が取り出せない状況《じょうきょう》が続いていて、事態収束《しゅうそく》の目途《めど》は立っていません。

現在も高熱を発している原発を冷やすために注入された海水に大量に入った放射《ほうしゃ》性セシウムやストロンチウムを、排水《はいすい》の際にナトリウムやマグネシウムと選《よ》り分けて吸着《きゅうちゃく》する物質として選ばれたのが、ゼオライト（沸石）でした。日本ゼオライト学会のホームページによると、特にセシウムの吸着・除去《じょきょ》に利用されたのがチャバサイト型ゼオライトだそうです。

チャバサイトは菱沸石《りょうふっせき》と呼《よ》ばれ、数種類の金属イオンがどれでも自由に出入りできる結晶《けっしょう》構造で、この性質を利用してセシウムを取り込《こ》ませているのだそうです。これは菱沸石に限らず、多くのゼオライト類に見られる性質で、放射能汚染《おせん》物質の除去と言えばゼオライト、との印象さえあります。

水を内部にたたえる結晶

ゼオライトには第1章第1話で紹介《しょうかい》したガーネット以上にたくさんの種類があり、その数は約90に達します。コロッとした結晶が人気のアナルシーム〈写真2〉はゼオライト版ガーネットといった姿《すがた》です。三角頭の束沸石《そくふっせき》〈写真3〉はゼオライトの仲間としては独特の形で、この結晶の集合体には真ん中がくびれて上下に扇《おうぎ》を広げたような形になるものもあって楽しい限りです。
また強い真珠《しんじゅ》のような光沢《こうたく》が魅力《みりょく》の輝沸石《きふっせき》〈写真4〉も国内ではメジャーです。日本原産で透明《とうめい》度《ど》の高い湯河原沸石《ゆがわらふっせき》〈写真5〉は、四面体の頂《ちょう》点《てん》が切り落とされたような形で、無色透明な姿は標本としても素敵《すてき》です。どれも結晶の中には水が入っており、焼くとこの水が沸騰《ふっとう》するようにブクブクと出てくるので「ゼオライト（沸騰する石）」と名づけられました。

各地で採れるポピュラーな鉱物

日本にはゼオライトの産地がたくさんあります。さまざまな岩石の中に見られますが、玄武岩《げんぶがん》や溶《よう》結凝灰岩《けつぎょうかいがん》など火山活動のあった海岸地域《ちいき》に多く見られます。沸石の生成に水が欠かせないためですが、新潟市西蒲区《にしかんく》間瀬《まぜ》〈写真6〉や、静岡県河《かわ》津《づ》町の海岸（通称《つうしょう》やんだ）などは、その代表的な産地です。

もちろん山間部の産地もあります。滋賀県湖東地方のとある産地は、普段は広いダム湖の下に沈んでいて採集どころか近づくこともできません。しかし冬の初めに湖の水を抜く時期があって、その時だけ露頭が現れて新鮮な輝沸石や束沸石の脈を見つけることができるのです。

ただし最初に紹介したような放射能除去剤としてのゼオライトは、こうした産地の可憐で標本になるような結晶鉱物ではなく、脈をなす岩石（沸石岩）になっていて資源《しげん》として採掘《さいくつ》されています。また人工的にも合成されているので、さまざまな用途《ようと》に使うことができるのです。

第27話
祭祀品からオリンピックメダルまで
コッパー
Copper／自然銅

1 コッパー／自然銅

アメリカ、ミネソタ州産　▶1㎝

化学式	Cu
硬度	2.5–3
へき開	なし
光沢	金属
名前の由来	地中海のキプロス島（Cyprus）から

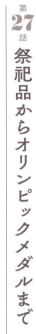

4 自然銅を母岩ごと切断した面(奈良県産)　▶2㎝

3 樹枝状の自然銀(アメリカ産)
▶7㎜

2 閃亜鉛鉱の粒を伴う自然金（埼玉県産）　▶1㎝

6 自然銅の結晶集合体(秋田県産)
▶6㎝

5 箔状の自然銀(モロッコ産)　▶1㎝

オリ・パラのメダルの謎

2020年の東京オリンピックとパラリンピックが近づいてきました。私《わたし》はスポーツはどれも好きで、日本選手がいなくても、またそれほどメジャーな競技でなくてもついつい見てしまいます。がんばって表彰《ひょうしょう》台に上がった選手たちが、メダルを手にして「重いです」と言うのは物理的な重量だけでなく、選手としてこれまで積み上げてきたものの重さなのだと思って感動しています。

選手たちが手にする重い3種類のメダル。その中で3位に贈《おく》られる銅メダルは、英語で「ブロンズメダル」と呼《よ》ばれます。銅は英語では「コッパー」で、1位の金がゴールドメダル、2位の銀がシルバーメダルと呼ばれるのに、なぜ3位の銅は「コッパーメダル」ではないのでしょうか。

銀《しろがね》も金《くがね》も青銅も

「ブロンズ」は青銅という合金の英名で、実は銅メダルも厳密《げんみつ》に言えば青銅メダルです。青銅は、銅に銀色の金属《きんぞく》である錫《すず》を混ぜた合金で、錫の量によって10円玉のような赤銅色から、銀白色のものまであります。「純《じゅん》銅ではないのか」、との声も聞こえそうですが、金メダルにしても純金製ではないので（銀製メダルに金をメッキしたものなど）、そこは割《わ》り切って考えたいところ。

その金メダルの地金になっている銀も、かつては五輪憲章《けんしょう》で純度が決められていましたが、今はIOCの承認《しょうにん》があればOKで、決めごとはないそうです。ちなみに1912年のストックホルム五輪までは純金メダルだったそうですが、競技数が増えたのとそんなにたくさんの純金を準備できない国もあるというわけで、徐々《じょじょ》に規制緩和《かんわ》が進んだようです。

ところで2018年夏の新聞報道で、東京オリ・パラではメダル用の銀が不足しているというニュースがありました。すでにメドがついたのかどうなのか最近は聞きませんが、東京都が使用済《ず》み携帯《けいたい》電話の回収《かいしゅう》など都市鉱山を利用して収《しゅう》集《しゅう》に励《はげ》んでいたというから切実そうです。ちなみに金と銅は18年に確保済《ず》みだということです。

古～いおつきあい

これらの金属と人間の関わりには長い歴史があります。青銅の場合、日本でも弥生《やよい》時代には早くも銅鐸《どうたく》の原料として使われているので、1500年以上のおつきあいとなります。銅は金や銀同様、柔《やわ》らかで加工がしやすいことや、しばしば自然の中で単体の金属として見つかる（それで自然銅と呼びます）ので精錬《せいれん》も不要で、そのあたりがつきあいの古さの理由なのでしょう。よく遺跡《いせき》で見つかって展示《てんじ》されている銅鐸には、成分の銅が炭酸基と結びついて表面に緑青《ろくしょう》（マラカイト）が生成しているものが多いため、もともと緑色の遺品《いひん》と勘違《かんちが》いされがちですが、銅が多いため元はブロンズメダルに似た赤銅色の祭祀《さいし》品だったのです。

こうした「自然○○」というのは金〈写真2〉、銀〈写真3、5〉、銅以外にもよく見られます。自然水銀は常温で液体というとても利用しやすい形で存在しますし、ほかにも自然砒《ひ》、自然蒼鉛《そうえん》、自然鉄などがあります。ただ自然鉄は多くが微粒で見つかり利用価値は低いようです。

第28話 日本をまるごとジオパークに

トパーズ

Topaz／黄玉《おうぎょく》

1 トパーズ／黄玉

滋賀県大津市田上山産　▶結晶の高さ2.5㎝

化学式	$Al_2SiO_4(F,OH)_2$
硬度	8
へき開	1方向完全
光沢	ガラス
名前の由来	ギリシア語の「トパゾス（探す）」から

2 ブルートパーズ巨晶（滋賀県産、自然遊学館蔵）　▶10㎝

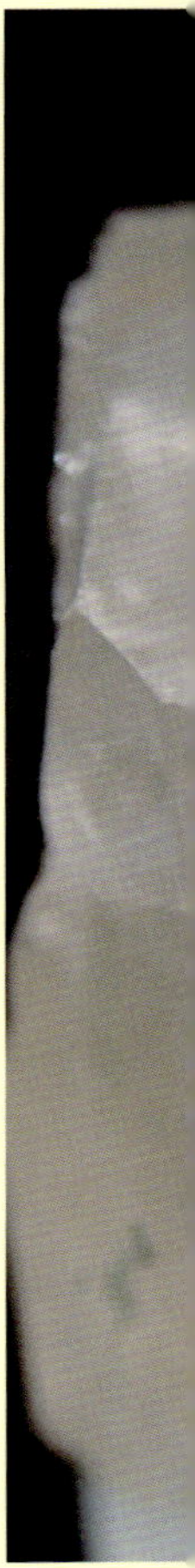

4 アルバイト／曹長石（滋賀県産）
▶1.5㎝

3 チンワルドダイト／チンワルド雲母（滋賀県産）　▶1.5㎝

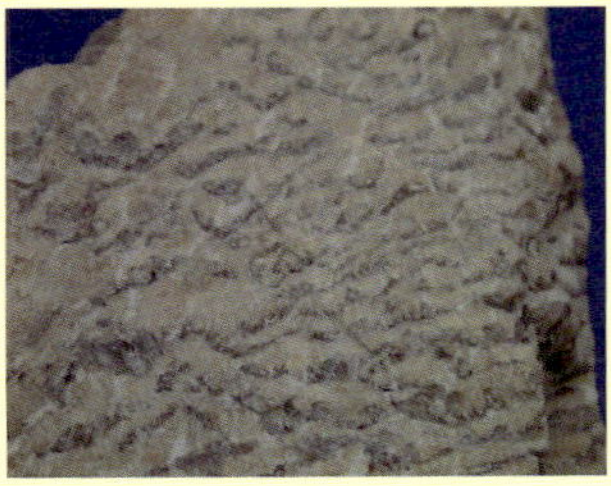

6 晶洞の近くに見られる文象花崗岩（滋賀県産、自然遊学館蔵）　▶7㎝

5 スモーキークォーツ／煙水晶（滋賀県産）　▶3㎝

ナウマン博士とトパーズ

明治新政府が生まれ、東京大学が開学したのが1877年。その2年前、ドイツからひとりの若《わか》き地質学者が招かれていました。エドムント・ナウマン博士。後年、東大の初代地質学教室の教授となり、本州、四国、九州の地質調査を行うなど、日本の地質学の基礎《きそ》を作ったといえる人です。

このナウマン博士が滋賀県田上山《たなかみやま》に入ったとき、10㎝もあるトパーズが山中にたくさん転がっているのを見つけた、というエピソードが伝えられています。ナウマン博士は馬車を仕立てて、その何t《トン》ものトパーズを本国に送ったそうです。しかし一方では、明治初期の県令（知事）が1874年に田上山の土砂《どしゃ》流出を現状視察《しさつ》した際に美しい透《とう》明《めい》で大きな鉱物を拾い、1877年の内国勧業《かんぎょう》博覧会《はくらんかい》に出品されて話題となり、めぐりめぐってナウマン博士の鑑定《かんてい》でトパーズとわかった、という報告が地元の収集家によってなされており、こちらのほうが現実味を帯びた話だと思います。この報告もその後、米国人宣教師《せんきょうし》が7.5tものトパーズを運び去ったという後日談つきで、いずれにしてもこの時代に、田上山の巨大《きょだい》なトパーズが欧米へ流出したことは間違《まちが》いないようです。国内でもそのころの大型で透明なブルートパーズが、国立科学博物館（東京）に展示《てんじ》してあります。

植林が進む

田上山は、藤原京《ふじわらきょう》や平城京造営以来ヒノキの伐採《ばっさい》が進み、江戸《えど》時代ごろには全山がはげてしまっていたそうです。つまり、どちらかといえば銘木《めいぼく》の産地として日本の社会や文化を支えてきた山で、鉱物産地として宝《たから》の山となったのは先述のトパーズが発見されてからです。明治以降《いこう》、相次ぐ土砂流出を止めようと砂防《さぼう》工事と植林が進められ、私《わたし》が初めて訪《おとず》れた1977年ごろにはすでにかなり、木が茂《しげ》っていた記憶《きおく》があります。

その数年前に、田上山では再び大発見がありました。中沢大晶洞《なかざわだいしょうどう》です。1974年に発見された晶洞から、トパーズ〈写真2〉やチンワルド雲母《うんも》〈写真3〉、曹長石《そうちょうせき》〈写真4〉、煙水晶《けむりずいしょう》〈写真5〉をはじめ、大量の鉱物が故・中澤和雄《ながさわかずお》氏の手によって掘り出されたのです。この晶洞は平成に入ってからも多くのコレクターによって掘《ほ》り進められ、握《にぎ》り拳《こぶし》ほどもあるトパーズを見つけたといった武勇伝も聞かれましたが、現在ではほとんど何も見つからないとか。周辺も木々の生長が進み、トパーズ探《さが》しも困難《こんなん》になってきたようです。

地域振興のためにも

日本には資源《しげん》がないとよく言われます。しかしそれは我々が身の丈《たけ》以上に資源を使っているからではないでしょうか? トパーズは工業資源にはなりませんが宝石《ほうせき》としては一級です。観光資源としてなら、日本にも地下にはまだまだ多くの資源や宝石が眠っていることでしょう。それらを見いだしたうえで保護し、一部は海外にあるような有料の採集体験場として開放すれば、地域振興《ちいきしんこう》の施策《せさく》としても役立ちそうです。実際にそうした試みは各地で始まっているようです。私はいつか日本全土が地学の学びの場になればいいなと思っています。

第29話 代用品の悲劇喜劇

スピネル

Spinel／尖晶石《せんしょうせき》

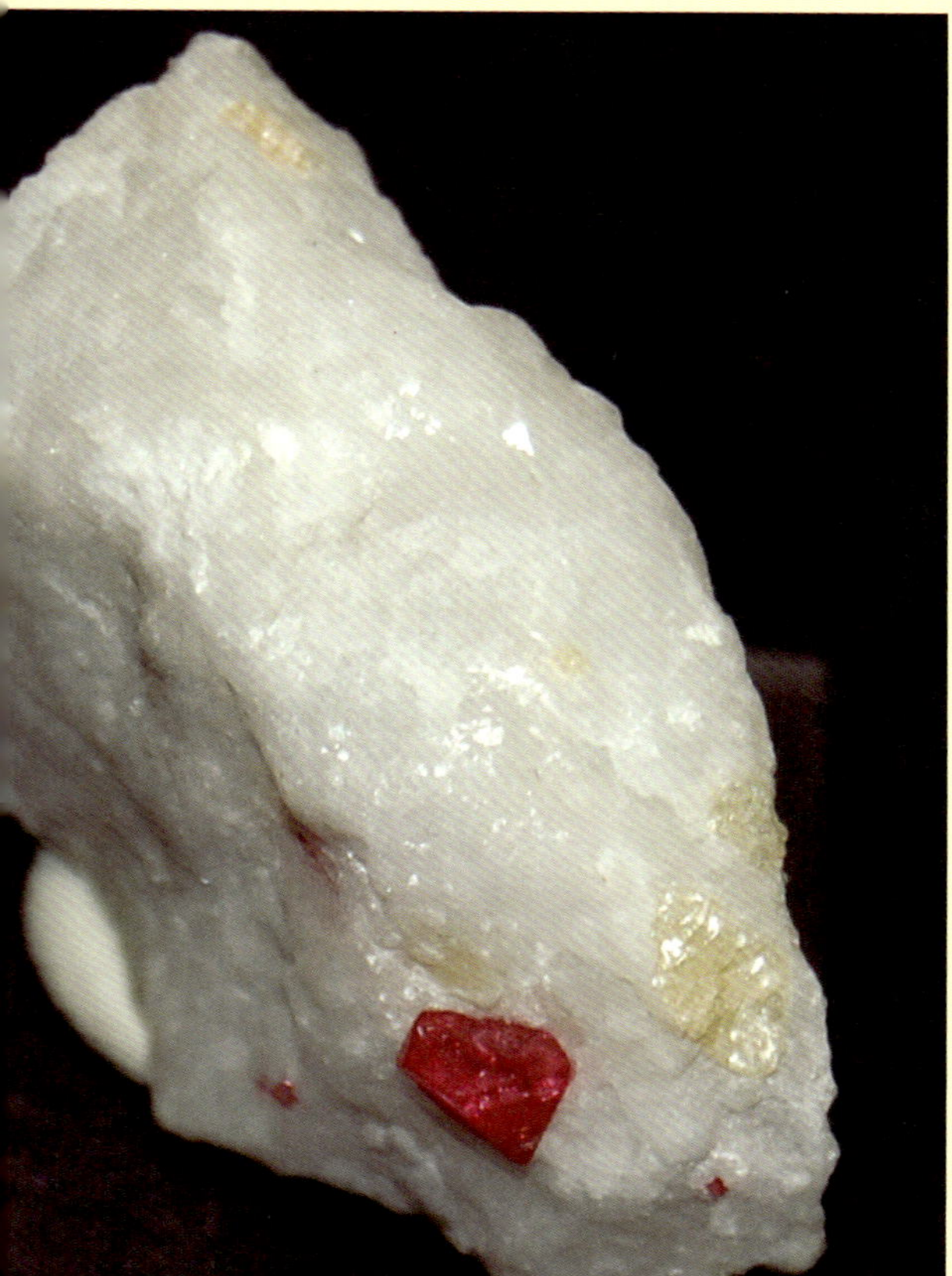

1 スピネル／尖晶石

ミャンマー産　▶結晶の幅3㎜

化学式	$MgAl_2O_4$
硬度	7.5–8
へき開	なし
光沢	ガラス
名前の由来	ラテン語のトゲ（spina）から

2 **ルビー／紅玉**（マダガスカル産）　▶結晶の幅5㎜

4 **ダイヤモンド／金剛石**（南アフリカ産）　▶3㎜

3 **パイロクスマンガイト／パイロクスマンガン石**（愛知県産）　▶結晶の幅5㎜

6 **スピネルの大型結晶**（産地不明、自然遊学館蔵、大高coll）　▶結晶の幅1.5㎝

5 **ダンビュライト／ダンブリ石**（メキシコ産）　▶結晶の高さ2㎝

代用品の値打ち

高価な宝石《ほうせき》には、時として代用品があったりします。代用品という以前に、古くは鉱物としての違《ちが》いが全くわからずに混同されていたものもあってそれがまた面白いのです。

特に有名な「代用品」といえば、14世紀のイギリス、エドワード黒太子が所有していた「黒太子のルビー」でしょう。イギリス王室の王冠《おうかん》の真ん中、300カラット以上のダイヤモンド「カリナンII」の上に堂々とはめ込《こ》まれている真っ赤な石で、140カラットもあります。画像で見るだけでもその美しさに圧倒されるのですが、現在ではこれはルビーではなくスピネルという鉱物であることがわかっています。

黒太子は、戦乱《せんらん》で王座《おうざ》が危《あや》うくなったカスティーリャ（現在のスペイン中央部にあった王国）の王に助けを求められて軍を派遣《はけん》、王を助けた返礼にこのスピネルを贈《おく》られます。この石はその後も戦と縁《えん》が切れず、英仏の百年戦争（1337〜1453）や薔薇《ばら》戦争（1455〜85頃）でも英王室の兜《かぶと》に取りつけられ、その度に無事戻ってくるという経過をたどります。スピネルが戦う力を与《あた》えるのか、無事を保障《ほしょう》してくれるのか、そもそもそれが石のおかげなのかもわかりませんが、英国王室にとってはどんな高価なルビーよりも値《ね》打《う》ちがあるのではないでしょうか？

天然か人工か、それが問題だ

ルビー〈写真2〉はやはり神秘《しんぴ》的な深い赤色が人気の宝石です。赤は血の色でもあり、赤い色の鉱物はどれも生命と深く関わっているような気がしてなりません。

ところがそこに目をつけたのか、もしかしたらルビーの代用にでもしようと思ったのか、かつて愛知県の鉱山でたくさん見つかった、ルビーのように赤く世界一美しいといわれるパイロクスマンガン石〈写真3〉の大きな結晶《けっしょう》を、研磨《けんま》した人がいたようです。しかしこの鉱物は硬度《こうど》が低く宝石としては使えないので、自然の結晶のままがよかったのではないか、と少なからず騒動《そうどう》になったエピソードが、堀秀道《ほりひでみち》氏の著書《ちょしょ》『楽しい鉱物図《ず》鑑《かん》2』に見られます。ルビーは研磨すると一層《いっそう》美しくなるものですが、パイロクスマンガン石の研磨品がどんなだったか、見てみたかったとも思います。

「磨けば光る」か？

宝石の王様と言えばダイヤモンドです。しかしこれも磨《みが》かないとなかなかその美しさはわかりません〈写真4〉。現代では人工的に合成できるので代用品などなくてもいいのですが、かつてはダンブリ石〈写真5〉という鉱物がダイヤの代用品として研磨されていたこともあったようです。

ご覧《らん》のように大型の結晶になり、原石段階《だんかい》ではどう見てもダンブリ石の方が美しいのです。これを磨くとどこまでダイヤのあの輝きに近づくのでしょうか。すぐに代用品とわかるくらい劣《おと》るならば、やはり自然の結晶のままの方が値打ちもあるように思えます。

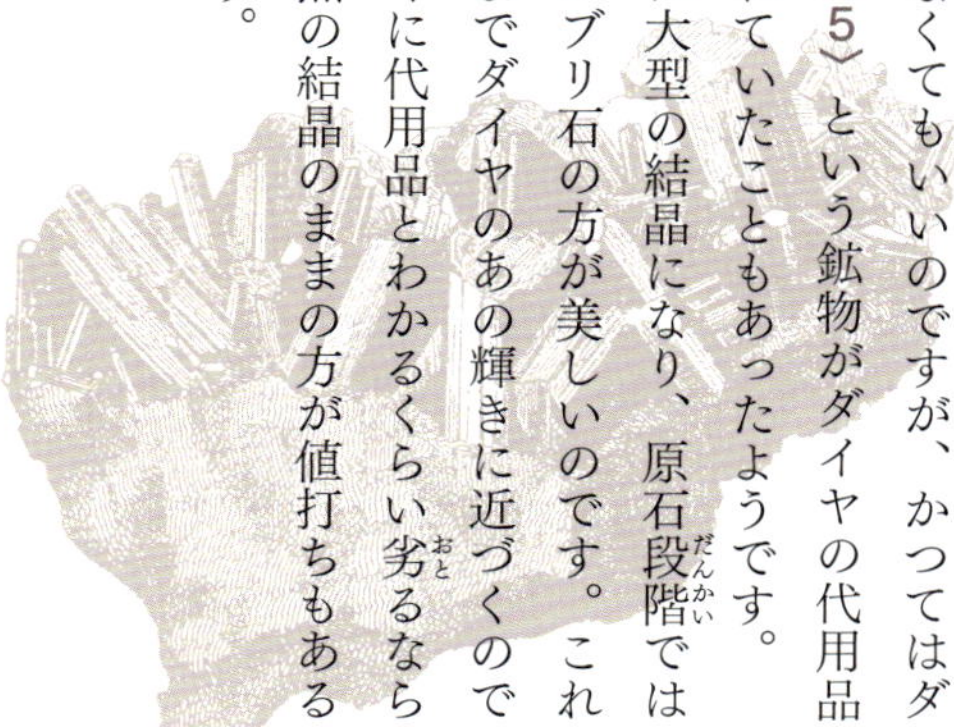

第30話 文化によって価値はさまざま

ジェーダイト

Jadeite／ヒスイ輝《き》石《せき》

1 ジェーダイト／ヒスイ輝石

新潟県糸魚川市産 ▶5㎝

化学式	$NaAlSi_2O_6$
硬度	7
へき開	２方向完全
光沢	ガラス
名前の由来	古いスペイン語のヒエドラ・デ・イエイダ（腰の石）から

3 **パラゴナイト／ソーダ雲母**（兵庫県産）　▶1㎝

2 **ラベンダーヒスイ**（鳥取県産）　▶5㎝

4 **ストロンチオオーソホアキナイト／ストロンチオ斜方ホアキン石**（新潟県産）　▶1㎝

6 **やわらかい質感のネフライト／軟玉**（中国産、自然遊学館蔵、大高coll）　▶6㎝

5 **クリソコラ／珪孔雀石**（山口県産）　▶1.5㎝

何をもって宝石か

欧米《おうべい》では11月の誕生石《たんじょうせき》に入っているほど代表的な宝石《ほうせき》であるトパーズですが、第3章第28話でも紹介《しょうかい》したように、明治時代になって滋賀県田《たな》上山《かみやま》で確認《かくにん》されたトパーズは、それ以前の日本人にとっては別段《べつだん》どうということのないものだったのです。だから田上山のトパーズが大量に海外に流出したといっても、当時の人たちには「外国の人って物好きだなあ」くらいにしか映《うつ》らなかったのではないでしょうか。

これは日本人の価値観《かちかん》がダメだという話では全くありません。なぜなら宝石の価値は絶対的なものではなく、それぞれの民族が持つ文化が生み出すものだからです。自然の中ではダイヤモンドもトパーズもみな、等しく鉱物というに過ぎません。

ヒスイの興亡

色や形をよくするために加工処理《しょり》をした石よりも、人の手のかかっていない天然石のほうがよさそうに思われるかもしれませんが、必ずしもそうとはいえない場合があります。例えば、日本でも近年パワーストーン的に出回っているクリソコラ〈写真5〉は、もともとアメリカ人が珍重する宝《ほう》飾《しょく》品でした。原石そのものは柔《やわ》らかすぎるので、樹脂《じゅし》を注入して磨《みが》くのだとか。天然石より加工品の方が価値が出るわけです。

ヒスイはさらに複雑な変遷《へんせん》をたどります。縄《じょう》文《もん》から古墳《こふん》時代にかけて、ヒスイは国内で勾玉《まがたま》などの祭祀《さいし》・宝飾品として加工されていました。三《さん》内丸山《ないまるやま》古墳（青森県）や和泉黄金塚《いずみかなづか》古墳（大阪府）、曽我遺跡《そがいせき》（奈良県）など6世紀前半までの遺跡に多く見られます。しかし奈良時代後期からパッタリと利用されなくなり、その後は国内でも忘れられた存在になったのです。新潟県糸魚川《いといがわ》市で産地が再発見されたのが1200年後の1938年。さらにブームとなってそのまま宝石《ほうせき》として再定着したのは、松本清張《まつもとせいちょう》の推理《すいり》小説『万葉翡翠《ひすい》』がきっかけとも言われています。

いろいろなヒスイと仲間たち

硬玉のヒスイは主に日本海側で産するのですが、ヒスイを造る鉱物は1種類ではありません。一般的にヒスイと言ったときにイメージされる緑色はクロムによる着色だとされていますが、実はこの部分はヒスイ輝石ではなくオンファス輝石という別の鉱物で着色の原因も鉄であることもわかってきました。鳥取県東部ではラベンダーヒスイと呼ばれる明るい紫《むらさき》色のもの〈写真2〉が知られています。これはチタンという金属元素による着色と考えられています。

兵庫県の加保坂では、山中の山肌《やまはだ》に「硬玉原石」として県の天然記念物指定を受けた巨岩《きょがん》があります。これは表面こそ茶色くなっていますが内部は無色で、これがヒスイ輝石本来の色なのです。なお、ここのヒスイ輝石はコンクリートの箱に守られていますが、周囲の露頭《ろとう》からヒスイ輝石が入っているのと同じ曹長岩《そうちょうがん》という石の中にパラゴナイト（ソーダ雲母）〈写真3〉やコランダムが見つかります。

またヒスイ輝石の大産地である新潟県糸魚川市では、ヒスイ以外にも珍《めずら》しい鉱物がたくさん見つかっていて、ストロンチオ斜方《しゃほう》ホアキン石〈写真4〉なども糸魚川ファミリーのひとつです。

第4章

研究者と産地に敬意を

サルファー／硫黄（イタリア産）

第31話 日本産の派手なやつ

ヘンミライト

Henmilite／逸見石《へんみいし》

1 ヘンミライト／逸見石

岡山県高梁市産 ▶3㎝

化学式	$Ca_2Cu(OH)_4B_2(OH)_8$
硬度	2
へき開	なし
光沢	ガラス
名前の由来	日本の鉱物学者、逸見吉之助博士と逸見千代子博士から

3 ニフォントバイト／ニフォントフ石　▶2㎝

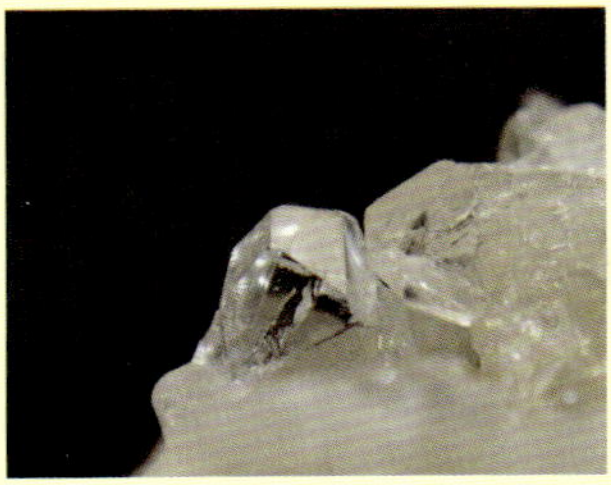

2 ペンタハイドロボライト／五水灰硼石　▶1㎝

5 スパーライト／スパー石　▶6㎝

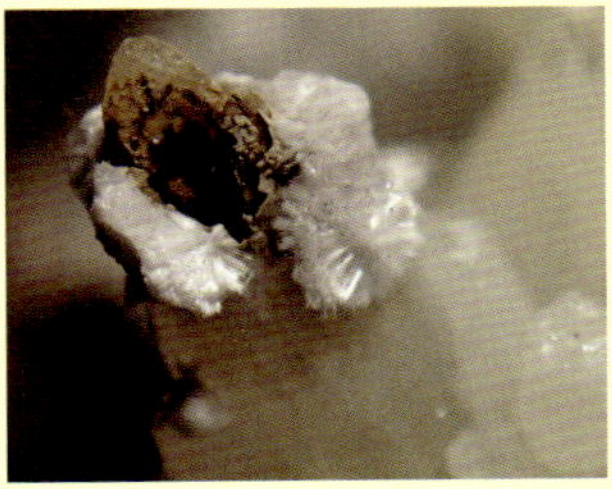

6 真綿のようなオオエライト／大江石（南アフリカ産）　▶6㎜

4 ストリンガマイト／ストリンガム石　▶1㎝

布賀には宝が眠っている

白い母岩の上の目立つ青紫《むらさき》色。いまだに世界で岡山県高梁市《たかはしし》備中町《びっちゅうちょう》布賀《ふか》でしか見つかっていない日本産の新鉱物が逸見石《へんみいし》です。何かの本で、外国人コレクターが「日本の鉱物は白と黒ばかりだ」と嘆息《たんそく》した、という話を読んだ記憶《きおく》がありますす。確かに海外産にあるような派手《はで》な外見を持ったものは日本の鉱物には少ないようです。

しかし逸見石の色とシャープな結晶《けっしょう》形ならば、そういう方も大喜び間違《まちが》いなし。しかもこの布賀はホウ素を成分に持つ珍《めずら》しい鉱物が多種類見つかっていて、現在も新鉱物が続々と発見されている宝《たから》の山で、五水灰硼石《ごすいかいほうせき》〈写真2〉など世界的な珍品《ちんぴん》も見つかっています。

「ヘンミ」は逸見先生から

新鉱物の名前には鉱物学への業績があった研究者の名前がつけられることが多く、この逸見石もそのひとつです。岡山大学理学部名誉《めいよ》教授であった逸見吉之助《きちのすけ》博士（1919～97）と、その二女で同じく鉱物学者の逸見千代子《ちよこ》博士（1949～2018）の二人にちなんでいます。千代子博士はこの布賀で数々の新鉱物を発見しました。それらには備中石（ビッチュウライト）、布賀石（フカライト）など産地の名前がつけられたり、第1章第1話で紹介した森本ザクロ石（モリモトアイト）や大江石（オオエライト）〈写真6〉のように業績のあった研究者の名前が冠《かん》されたりしています。そうした多大な功績によって、逸見石も世に出たのです。

他にも鉱物にはたくさんの偉大《いだい》なアマチュアコ

レクターや研究者の名が冠されていますが、これはまた別の項《こう》で紹介《しょうかい》します。

うわ、ホウ素が出た！

逸見石の故郷《こきょう》は、岡山県中北西部に広がる石《せっ》灰岩《かいがん》地帯の一角で、世界に数少ない珍しいタイプの高温スカルンに接する大理石の中に見つかりました。近くには有名な井倉洞《いくらどう》という鍾乳洞《しょうにゅうどう》をはじめ、石灰岩地帯特有の興味深い地形が多く点在しています。

その一角の布賀には、大手メーカーが歯磨《みが》き粉の原材料として極めて純度《じゅんど》の高い大理石を長らく採掘《さいくつ》していた鉱山があります。私《わたし》はかつて地質関係者の集まる巡検《じゅんけん》でその鉱山に入ることができ、鉱物採集をさせてもらう機会に恵《めぐ》まれました。その時に聞いた話では、鉱山関係者はあくまで大理石が必要なので、逸見石を含《ふく》むホウ素関連鉱物が見つかると「うわ、ホウ素が出た！」といって邪魔者扱《じゃまものあつか》いしたそうです。鉱物ファンからすると何とももったいない話です。現在は研究者の方々が入って、鉱山から産出される鉱物を大切に扱っています。

それはともかく、この時鉱山内では他にも、かつて鉱山関係者の間で「変わった水晶《すいしょう》」と言われたニフォントフ石〈写真3〉をはじめ、ストリンガム石〈写真4〉、紫色のスパー石〈写真5〉など、国内では他では得られない珍《めずら》しい鉱物をいくつも採集する幸運に恵《めぐ》まれました。

第32話

見た目は地味だが光を届ける

キムラアイト

Kimuraite／木村石《きむらいし》

1 キムラアイト／木村石

佐賀県唐津市肥前町産　▶5㎜

化学式	$CaY_2(CO_3)_4 \cdot 6H_2O$
硬度	2.5
へき開	1方向完全
光沢	絹糸
名前の由来	日本の分析化学者、木村健二郎博士から

3 **サマルスカイト／サマルスキー石**（福島県産） ▶1㎝

2 **フェルグソナイト／フェルグソン石**（福島県産） ▶3㎜

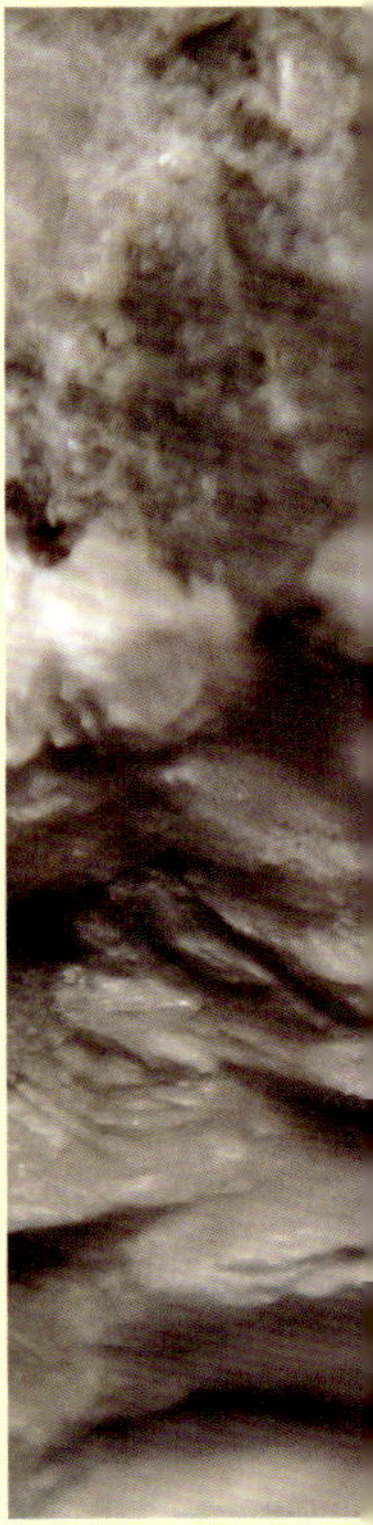

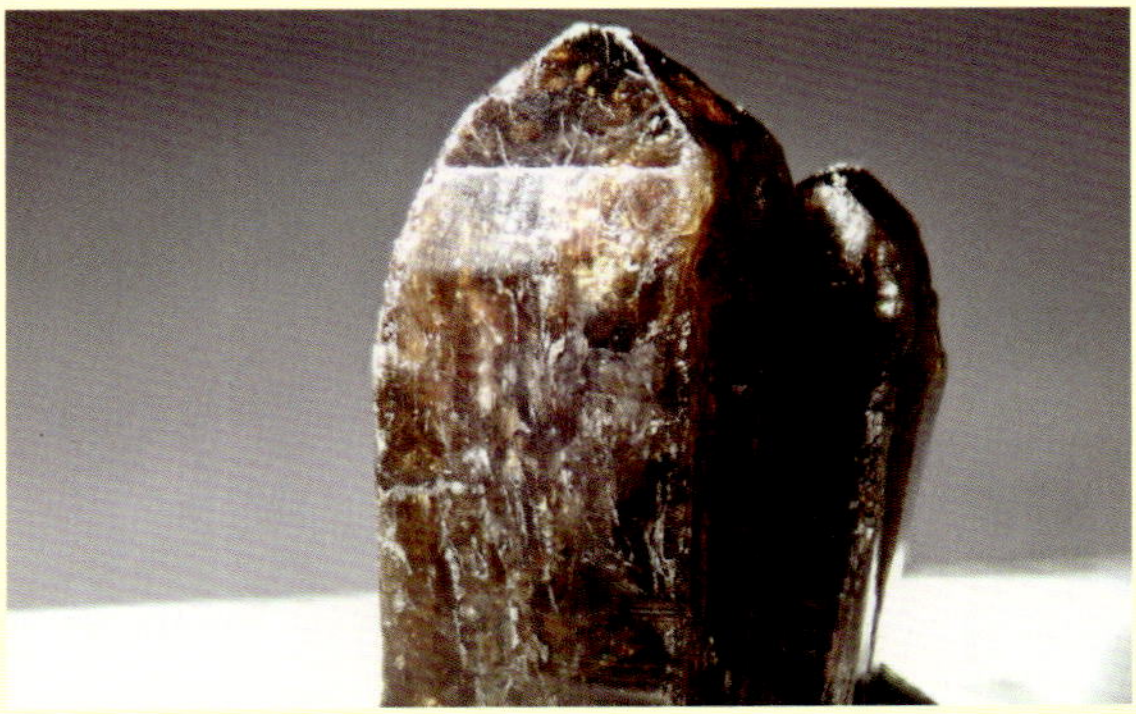

4 **ゼノタイム／燐酸イットリウム鉱**（ブラジル産） ▶2㎝

6 **花崗岩に多く見られるユークセン石**（福島県産） ▶結晶の高さ4㎜

5 **ランタンピーターサイト／ランタンピータース石**（三重県産） ▶3㎜

かつてテレビは家具だった

「キドカラー」を懐《なつ》かしく思い出す人は私《わたし》と同世代の人だと思います。日立製作所が1968年に販売《はんばい》を始めたカラーテレビです。当時テレビは家電というより家具扱《あつか》いで、木枠に入って四本足、中には観音開きの扉《とびら》がついていたものもありました。このキドカラーの「キド」は、ブラウン管内部の蛍光《けいこう》体の材料として希土類《きどるい》元素（現在ではレアアースと呼《よ》ばれます）を使っていることに由来します。物の本によると、赤色の発色が美しいので「輝度《きど》」と掛《か》けていたともされていますが、ともかくこのカラーテレビには、テルビウムなどのレアアースを使っていたようです。

レアアース研究の功労者

レアアースとはレアメタルの一種で、テルビウムを含《ふく》むランタノイド15種類とスカンジウム、イットリウムの2種を加えた元素グループのことです。このレアアース研究の国内での草分けのひとりが、東京大学教授であった木村健二郎《きむらけんじろう》博士（1896〜1988）でした。その功績を称《たた》えて、イットリウムを含《ふく》むほんのり上品な桃《もも》色をした日本産新鉱物に「木村石（キムラアイト）」の名が冠《かん》せられました。

レアアースはそれぞれの元素の性質に似ている点があり、鉱物の成分を調べる時の定量分析《ぶんせき》が難《むずか》しいため、その研究はたくさんの学者やアマチュア研究家によって手がけられてきました。木村博士はレアアースを含む希元素鉱物に放射性《ほうしゃせい》をもつものが多いことからこれを測定し、のちには温泉《おんせん》の放射線研究や原爆の「死の灰《はい》」の分析も行いました。

　こうしたレアアースをきっかけとした広範《こうはん》な研究成果は、偉大《いだい》なものだと思います。今ではハイブリッド自動車などモーターに使う強力磁石《じしゃく》やスマホなどの液晶《えきしょう》画面、排気《はいき》ガスの浄化《じょうか》などに使われ、現代社会になくてはならない存在になっています。

地味だけど、地味じゃなかった

　木村博士の名が世に出るきっかけとなった論《ろん》文《ぶん》で扱《あつか》った鉱物のひとつがフェルグソン石〈写真2〉です。木村石と同じくイットリウムを含む鉱物で、イットリウムはテルビウムと並《なら》んでブラウン管の蛍光体に使われます。ただ、キドカラーが高輝度をウリにしていたわりに、レアアースを含む鉱物そのものはご覧《らん》のように黒っぽく地味なものが多いのは不思議です。同様にイットリウムやセリウムなどを含むサマルスキー石〈写真3〉、イットリウムを含むゼノタイム〈写真4〉、ユークセン石〈写真6〉など、どれもカラー写真では申し訳《わけ》ないような地味さです。

　このようにレアアースを含む鉱物たちは地味ですが、数年前に三重県熊野《くまの》市で、木村石以上に華《はな》やかな仲間が見つかりました。新鉱物のランタンピーターズ石〈写真5〉です。ランタンと銅を含み、銅の発色で薄《うす》い緑色になっています。フェルグソン石などは銅ではなく鉄を含んでいますから、この違《ちが》いが色目の違いかも知れません。

第33話

火山の脅威と恵みを感じる

プラジオクレース

Plagioclase／斜長石《しゃちょうせき》

1 プラジオクレース／斜長石

長崎県島原市産　▶1.5cm

化学式	アノーサイト（灰長石）は $Ca(Al_2Si_2O_8)$
硬度	6-6.5
へき開	２方向完全
光沢	ガラス
名前の由来	ギリシア語の「プラジオス（明るい）」から

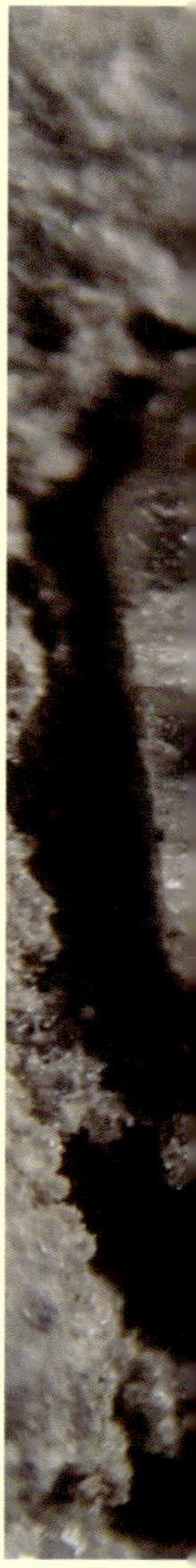

2 **サルファー／硫黄**（長崎県産）
▶5㎜

3 **アノーサイト／灰長石**（東京都産）
▶1㎝

4 **オオスミライト／大隅石**（鹿児島県産）　▶結晶の長さ3㎜

5 **クリストバライト／クリストバル石**
（鹿児島県産）　▶4㎜

6 **デイサイト**（長崎県産）　▶5㎝

雲仙普賢岳の大火砕流

平成3（1991）年6月3日は、新聞記者だった私にとって忘れてはならない日です。長崎県・雲仙普賢岳《うんぜんふげんだけ》で発生した大火砕流《かさいりゅう》。同年2月に噴《ふん》火《か》が始まって日ごとに激《はげ》しさを増す中、報道陣《じん》は、マグマ中のガスや噴出《ふんしゅつ》物が高温のまま山肌《やまはだ》を流れ落ちる様子を撮影しやすい「定点」と呼《よ》ばれるポイントに詰《つ》めかけていました。ところがその日の午後4時8分、定点は巨大な火砕流に襲《おそ》われて報道関係者や彼らにチャーターされたタクシー運転手、消防団などを含《ふく》む43人が命を落としたのです。本当にショッキングな災害でした。

当時、火砕流の危険《きけん》性についてははっきりと認識《にんしき》していた人は少なかったと思われます。起こっている現実をより克明《こくめい》に伝えたい。そんな使命感があればあるほど、自然災害の危険性を常に頭に入れた取材が求められます。雲仙普賢岳の溶岩《ようがん》中にもよく見られるプラジオクレースは、そう語りかけてきます。

「プラジオクレース」は分類名で、日本名では斜《しゃ》長石《ちょうせき》と呼びます。このグループに、主成分がナトリウムの曹長石《そうちょうせき》、カルシウムの灰長石《かいちょうせき》が属しています。さらにナトリウムとカルシウムの入り混じった中間的なものも量比によって4つに分ける場合があります。〈写真1〉の標本がその6種類のうちどれに当たるかは化学成分を調べればわかりますが、あえてそんなこともせず大切に保存《ほぞん》しています。

火山の恵み

噴火時の恐《おそ》ろしさが強調されがちな火山ですが、

その恵《めぐ》みはたくさんあって、そのひとつが温泉《おんせん》です。雲仙にもあちこちに温泉が湧《わ》いています。火砕流災害から10年目に雲仙に取材に行った際、これも火山のひとつの姿《すがた》なのだとの思いで、湯の周りに沈殿《ちんでん》していた硫黄《いおう》を採取させてもらいました〈写真2〉。

平成12（2000）年に大噴火を起こした東京都の三宅《みやけ》島では、公的機関の案内で訪《おとず》れた知人が赤場暁《あかばぎょう》という場所で採取した灰長石〈写真3〉を持ち帰り、私《わたし》にくれました。内部に自然銅を含《ふく》んで赤く見えるものもあり、これも鉱物愛好家にとっては恵みですが、当時全島避難《ひなん》を余儀《よぎ》なくされた島の方にとっては忘《わす》れられない火山噴出物だと思います。

恩恵《おんけい》と災害。火山のことをきっちりと学び、その知識を活用して正しく恐れることが火山列島日本に暮《く》らす我々《われわれ》には必要なのではないでしょうか。

桜島からの日本新鉱物

日本の活火山の代表は、雲仙と同じ九州にある桜島でしょう。この桜島の近くでは（桜島火山のものではないですが）かつての火山噴出物の中から大隅石〈写真4〉が見つかります。濃《こ》いすみれ色の小さな結晶《けっしょう》はキラキラと光り、とても美しい姿です。周辺ではクリストバル石〈写真5〉など、火山ならではの鉱物も潜《ひそ》んでいます。

平成30（2018）年に現地に採集に訪れた際には、目の前の桜島が突然《とつぜん》噴火を始め、雲仙の教訓が胸をよぎってドキリとしたことがあります。幸い大ごとになりませんでしたが、これらの可憐《かれん》な鉱物たちも、恐れるべき火山の恩恵なのだと気を引き締《し》めたのでした。

第34話 極北に咲く鉄の花

カコクセナイト

Cacoxenite／カコクセン石

1 カコクセナイト／カコクセン石

スウェーデン、キルナ鉱山産 ▶1㎝

化学式	$Fe^{3+}_{24}AlO_6(PO_4)_{17}(OH)_{12} \cdot 75H_2O$
硬度	3–4
へき開	なし
光沢	絹糸
名前の由来	ギリシア語の「カコクセニオス（愛想なし）」から

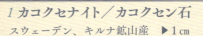

3 ロックブリジャイト／ロックブリッジ石（スウェーデン産）　▶結晶の幅6㎜

2 ストレンガイト／ストレング石（スウェーデン産）　▶6㎜

5 リプスクーマイト／リプスクーム石（兵庫県産）　▶1㎝

6 アーセニオシデライト／砒灰鉄石（奈良県産）　▶1㎝

4 大阪層群に多く見つかるビビアナイト／藍鉄鉱（兵庫県産）　▶1.5㎝

語呂あわせで記憶する

「鳴くよ（794）ウグイス平安京」、「なんと（710）平城《へいじょう》、長安真似る」……。受験勉強のためのこっけいな語呂《ごろ》あわせですが、大人になっても覚えている人も多いのではないでしょうか。

同じように地理では北欧《ほくおう》スウェーデンの産業のキーワードを覚えるのに「鉄は切るな（キルナ）」というのがありました。キルナは鉄鉱石の一大産地です。刃《は》こぼれするから切るなというわけでしょうけれど、だじゃれっぽさに苦笑してしまいます。

キルナはスウェーデン最北部に位置し、もはや北極圏《けん》内にも入る極北で、オーロラが見え、夏は白夜になるという土地柄《がら》です。近くにはエリバレ鉄山というのもあって、私《わたし》にとってはスウェーデンの鉄鉱山といえば「キルナエリバレ」が地理で学んだ語呂でした。エリバレはイェリバーレ、というのが現地発音に近いそうですが、いずれにしても私の頭には鉄鉱山と言えばキルナ、エリバレと刷り込《こ》まれています。

2015年、国内の標本店にこの地方の鉄鉱石に由来する多様な二次鉱物が並《なら》んだことがありました。それ以前に私が国内で採集したことのあったカコクセン石は肉眼では黄色い汚《よご》れにしか見えない程度でしたが、この時見つけた標本のなかには〈写真1〉のように数㎜もの針状《しんじょう》の結晶《けっしょう》もありました。「愛想なし」という意味の単語から名前がつけられたのも、結晶が細かすぎてわかりづらい、見つけにくいという理由のようです。だから数㎜でも肉眼で見える大きさは、かなり立派《りっぱ》なのです。

多種多様な鉄の花

他にもキルナ、エリバレ地方の鉄鉱石を多く含《ふく》む岩石の表面には、いろいろな鉱物が花のように咲《さ》いています。黒コショウの実ほどの大きさのストレング石〈写真2〉は薄《うす》い紫《むらさき》色とブツブツした姿《すがた》がチャーミングですし、同じ石に並《なら》ぶロックブリッジ石〈写真3〉はモスグリーンでぎらりと光るいぶし銀の迫力《はくりょく》があります。どれも鉄とリンが化合して生まれた微細な大地の花なのです。

　こうした鉄とリンの化合物はさまざまな種類があって、必ずしも鉄鉱山にあるというわけではありません。湖沼《こしょう》の底に積もった泥《どろ》の中にも生まれ、国内では大阪平野や神戸、明石など京阪神に広く分布する大阪層《そう》群という地層《ちそう》から、藍鉄鉱《らんてっこう》〈写真4〉が見つかります。特に神戸市西区付近は藍鉄鉱だけでなくロックブリッジ石やリプスクーム石〈写真5〉などが見つかります。

注意して探そう

カコクセン石によく似た鉱物にアーセニオシデライト〈写真6〉があります。リンのかわりにヒ素が鉄と結びついた鉱物で、これも微細《びさい》です。かつて奈良県の鉱山跡《あと》で鉱物採集をした際、持ち帰った石をルーペでよく観察していて初めて、金色の扇《おうぎ》を広げたような姿を見つけたということもありました。

　いずれにしても鉄とリンやヒ素が結びついた鉱物は小さな花状のものが多いので、じっくり注意して観察したいものです。

第35話

日本は資源大国になれるか？

ブラウナイト

Braunite／ブラウン鉱

1 ブラウナイト／ブラウン鉱

南アフリカ共和国産　▶結晶の幅 8㎜

化学式	$Mn^{2+}Mn^{3+}_6(SiO_4)O_8$
硬度	6.5
へき開	一方向に完全
光沢	金属
名前の由来	ドイツの政治家、鉱物学者ヴィルヘルム・フォン・ブラウンから

3 **テフロアイト／テフロ石**（京都府産） ▶6㎝

2 **ヤコブサイト／ヤコブス鉱**（京都府産） ▶5㎝

4 **ナトロナンブライト／ソーダ南部石**（岩手県産） ▶5㎜

6 **砂岩の表面にできたマンガンデンドライト／忍石**（ドイツ産） ▶1㎝

5 **ラムスデライト／ラムスデル鉱**（静岡県産） ▶2㎝

祝杯を挙げても

もう20年も前の話です。私《わたし》は薄《うす》暗い穴《あな》の中をひとり歩いていました。遠くに灯りが見えるので早足でそこへ行くと、リアルすぎるロウ人形がかなづちを手に岩の壁《かべ》を叩《たた》いています。その無表情さに思わずドキリ……。ワクワクしながら入った鉱山跡《あと》の観光用坑道《こうどう》でしたが、客の訪《おとず》れることの少ない平日にひとりぼっちで入っていくのは、臆病《おくびょう》者には結構な冒険《ぼうけん》でした。

京都府中部から兵庫県東部にまたがる丹波《たんば》地方の山中にはかつて、たくさんのマンガン鉱山がありました。第二次大戦中は、朝鮮《ちょうせん》半島からもたくさん人が渡《わた》ってきて鉱山開発に従事していたのです。ひとりで入った坑道はそんな鉱山跡のひとつで、1983年に閉山《へいざん》した鉱山でした。当時鉱山で働いていた人に話を聞くと、海底で層状《そうじょう》に積もったマンガンの鉱脈は地震などの地殻変動の影響で、途《と》中《ちゅう》で大きくずれていることも多かったそうです。鉱脈を掘《ほ》り当ててみんなで祝杯《しゅくはい》をあげても、2、3日したら脈が途切《とぎ》れてしまって、上や下を必死で掘り進んだこともあったとか。運にも左右される厳《きび》しい鉱山労働の様子がうかがえるエピソードです。

そんな丹波のマンガン鉱山ではたくさんの種類の鉱物が採掘されていました。ブラウン鉱〈写真1〉もそうしたマンガン鉱石鉱物のひとつだったようですが、他にもヤコブス石〈写真2〉やテフロ石〈写真3〉など挙げればきりがないくらいです。

各地で見つかるマンガン

元々海底だった土地も多い日本では、海底で形作られたマンガンの鉱床《こうしょう》がところどころにありますし、そこから見つかる鉱物も多様です。岩手県や福島県は特に珍《めずら》しい鉱物がよく見られ、ソーダ南部石《なんぶせき》（ナトロナンブライト）〈写真4〉は岩手産の新鉱物です。その他、木下雲母《きのしたうんも》（キノシタライト）などの日本ならではの新鉱物も見つかっています。

マンガンは第二次大戦中などは電池（マンガン乾《かん》電池）に欠かせない金属として需要《じゅよう》が大きく、たくさん採掘《さいくつ》されていました。今もアルカリ乾電池のプラス極に使われるなど重要なのですが、最大の産出国は南アフリカ共和国で、日本国内では採掘されていません。ただ日本領海内に海底資源《しげん》として大量のマンガンが眠っていることがわかっていて、コスト面での課題は大きいものの、将来《しょうらい》の利用に期待がかかります。

火山の中にも

マンガンは海洋底だけでなく、火山岩の中に見つかる例もあります。静岡県の伊豆《いず》半島最南端《たん》に位置する下田市では、流紋岩《りゅうもんがん》という赤茶けた岩石の中に立派《りっぱ》なラムスデル鉱の結晶《けっしょう》〈写真5〉が見られます。また南アフリカや長崎県で産出するブラウン鉱の立派な結晶は、結晶片岩《へんがん》という岩石の中に見つかります。

また変わり種では、デンドライト（忍石《しのぶいし》）〈写真6〉というのがあります。これは微細《びさい》な結晶が木の枝のように連なっているもので、まるで植物化石のような趣《おもむき》です。鉱物の現れ方も千差万別、魅力《みりょく》はつきません。

第36話 近江の国の宝物

マストミライト

Masutomilite／益富雲母《ますとみうんも》

1 マストミライト／益富雲母

滋賀県大津市田上山産 ▶3㎝

化学式	$KLiAlMn^{2+}(Si_3Al)O_{10}(F,OH)_2$
硬度	2.5
へき開	1方向完全
光沢	ガラス
名前の由来	日本の薬学・鉱物学者、益富益富壽之助博士から

4 **マラカイト／孔雀石**（滋賀県石部鉱山産）　▶5㎜

3 **アマゾナイト／天河石**（滋賀県田中山産）　▶7㎜

5 **ハウレアイト／方硫カドミウム鉱**（滋賀県灰山産）　▶1㎝

6 **アンドラダイト／灰鉄ザクロ石**（滋賀県小ツ組産）　▶3㎝

2 **石膏のデザートローズ／砂漠のバラ**（メキシコ産）　▶結晶の幅2㎝

大切な標本に

「東海道線が琵琶湖《びわこ》の水のはけ口にかかる瀬田川《せたがわ》鉄橋を渡《わた》るころ、南のほうに見える白くはげた群《ぐん》峰《ぼう》が田ノ上……」。保育社のカラー自然ガイド『鉱物——やさしい鉱物学』の、私《わたし》が一番好きな一節です。著者は鉱物研究者として名高い益富壽之《ますとみかずの》助《すけ》（1901〜93）先生。中学1年生の頃この本を手にした私は、鉱物採集のコツや標本の扱い方などまでを図鑑に書いてくれた益富先生とはどんな人なのかと、思いを巡《めぐ》らせるばかりでした。

時は流れ、私が記者として産経新聞京都総局に赴任《ふにん》したのが2000年。その時に初めて、益富先生が創設《そうせつ》した地学研究所・益富地学会館（京都市上京区）の門をたたきました。その7年も前に益富先生は亡《な》くなっていて、もっと早く京都を訪《たず》ねていれば、と悔《く》やんだものでした。そして2003年、当館の全面的な協力を得て産経新聞夕刊1面連載《れんさい》「鉱《いし》の美」を始め、そこで先生の名前がつけられた新鉱物・益富雲母〈写真1〉も取り上げることができました。

深い紫《むらさき》色の益富雲母に初めて出会ったのはその数年前。見つけたのは「ナウマン博士の発見」の項《こう》で紹介した、田上山《たなかみやま》の山中に口を開ける中沢大《なかざわだい》晶洞《しょうどう》です（125ページ）。当時はまだここには小さなトパーズやきれいなチンワルド雲母などもありましたが、益富雲母の発見はとてもうれしく、私のコレクションの中でも重要標本のひとつとなっています。

昭和の『雲根志』

江戸《えど》時代、近江《おうみ》国（現・滋賀県）に住んでいた石マニア・木内石亭《きうちせきてい》は、著書《ちょしょ》『雲根志《うんこんし》』に当時ブームとなった国内外の珍石《ちんせき》、奇石《きせき》を記していますが、その中には当然明治以降《いこう》になって正式に「鉱物」と呼《よ》ばれるようになったものも入っています。益富先生はそれをさらに整理し、新たに西洋的自然科学の見地からの分類や考察を加味して新載《しんさい》の石を加えた『昭和雲根志』を著《あらわ》しました。

新載の鉱物や岩石には「砂漠《さばく》のバラ」〈写真2〉や「津軽小僧《つがるこぞう》（石英と同質）」、「サヌカイト」などがあって、保育社のカラー自然ガイドとはまた違《ちが》う趣《おもむき》があります。さすがに墨《すみ》書きの『雲根志』とは違って写真と活字を使っていますが、その観点は「不思議、奇妙《きみょう》」といった石の面白さに置かれ、石薬としての有効性を紹介《しょうかい》したりしているので、読んで面白い図鑑《ずかん》なのです。

石亭へのオマージュ

ところで、オリジナルの『雲根志』の著者である木内石亭の住んでいた滋賀県は、鉱物の産地が多く、また見つかる種類も幅《はば》広い地域《ちいき》です。

天河石（アマゾナイト）〈写真3〉は緑色の微斜《びしゃ》長石《ちょうせき》で、湖東地方の花崗岩《かこうがん》の中に見られます。孔雀石《くじゃくせき》〈写真4〉や方硫《ほうりゅう》カドミウム鉱《こう》〈写真5〉も琵琶湖の南東地方のものです。またガーネットの一種のアンドラダイト〈写真6〉は、かつて湖北地方を代表する鉱物でしたが、現在は採集できなくなっています。

第37話

神様から生まれた鉱物？

キュプロアロフェン

Cupro-Allophane／銅アロフェン

1 キュプロアロフェン／銅アロフェン

京都府船岡鉱山産　▶5㎜

化学式	$(Al_2O_3)(SiO_2)_{1.3\text{-}2}\cdot 2.5\text{-}3H_2O$
硬度	3
へき開	なし
光沢	ロウ
名前の由来	ギリシア語の「他に現れる（アロス・ファノス）」から

2 **オーリチャルサイト／水亜鉛銅鉱**(京都府産) ▶1㎝

3 **水亜鉛銅鉱**(京都府産) ▶7㎜

4 **ファーベライト／鉄重石**（京都府鐘打鉱山産） ▶3㎝

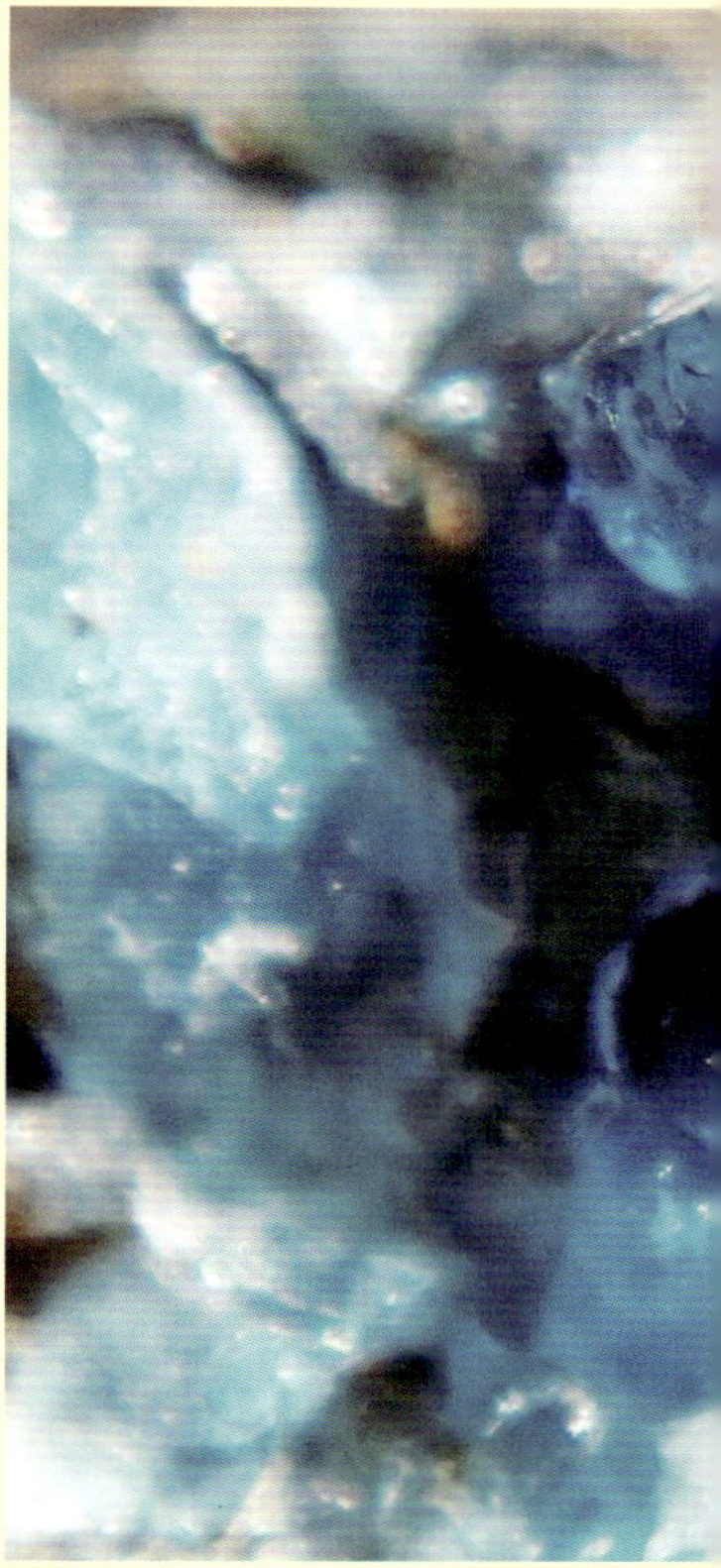

5 **ドラバイト／苦土電気石**（京都府鐘打鉱山産） ▶1㎝

神様の口から出たものとは

山をふもとから沢《さわ》伝いに上がっていくと、途《と》中《ちゅう》からは道なき道となり、沢登りの様相になってきます。そして登りついた先の杉《すぎ》林の中に小さな祠《ほこら》がひとつ〈写真6〉。自然の中で見る宗《しゅう》教《きょう》的な施設《しせつ》は、なんだか少し厳粛《げんしゅく》な気持ちにさせてくれるものです。しかもその祠はきれいに手入れされていて、地元の方々に大切にされているのがわかります。

これは京都府中部の船岡《ふなおか》鉱山に採集へ向かった時のことです。沢の終点に鉱山跡《あと》があるので、ズリから転がり落ちた石が沢にたくさんあり、そこに珍《めずら》しい鉱物もついているので楽しみながら上ることができました。その先に祠が待ち構えているのですが、鉱山跡ではこうした神様をまつる祠や神社に出会うことがよくあります。大きな鉱山があった場所ではその名も「金山神社」などといって、今も各地にあるのです。

まつられているのは、カナヤマビコ、カナヤマビメという男女の鉱山の神様で、イザナギノミコトが病の床《とこ》でおう吐《と》した物から生まれた、というのが『日本書紀』などに見える両神誕生《たんじょう》の物語です。そのおう吐物こそが、岩の中を流れるような形で存在《そんざい》する鉱脈のことではないでしょうか？　船岡で見られる代表的で美しい鉱物の銅アロフェン〈写真1〉を見ていると、おう吐物とはいえ神様のものだとこんなに美しいのかと感激します。

山の神は銅の神様？

船岡鉱山は一説には明治末期から大正時代にか

けて、記録としては大正6年に採掘《さいくつ》が始まったとのことです（『京都地学会会誌創立30周年記念特別号』）。規模《きぼ》は小さかったようですが、いろいろな鉱物に恵《めぐ》まれていて、採集するにはとても楽しい場所です。水亜鉛銅鉱《すいあえんどうこう》〈写真2、3〉は、平成に入って滋賀県で多産する産地が見つかるまで近畿《きんき》ではここくらいにしかなく、全国的に見ても珍しいほど立派《りっぱ》なものが採れました。また数年前になって驚《おどろ》くようなブロシャン銅鉱の脈が見つかった他、孔雀《くじゃく》石や赤銅鉱といった銅鉱物が豊富です。してみれば、ここの〝山の神〟は、銅の神様だったのではないでしょうか。

鉱山の安全を守る神社

他にも船岡《ふなおか》近隣にはタングステン鉱山だった鐘打《かねうち》鉱山に金比羅《こんぴら》神社があります。鉱山やカナヤマビコなどと直接関係はなさそうですが、今は人口ゼロのこの地も鉱山があったころは賑やかで、鍛冶《かじ》を意味する「鐘打」といい、「金」比羅といい、ひもとけば何らかの関連がありそうです。

この鉱山跡では今も、ズリの中から鉄重石《てつじゅうせき》〈写真4〉や灰重石《かいじゅうせき》といったタングステン鉱の他、立派な水晶《すいしょう》や細かい苦土電気石《くどでんきせき》〈写真5〉などが見つかります。

6 船岡鉱山のきれいな祠（京都府）

第38話 天然の原子炉

ゼウネライト

Zeunerite／砒《ひ》銅ウラン鉱

1 ゼウネライト／砒銅ウラン鉱

岡山県倉敷市産 ▶結晶３㎜

化学式	$Cu(UO_2)_2(AsO_4)_2 \cdot 12H_2O$
硬度	2.5
へき開	１方向完全
光沢	ガラス
名前の由来	ギリシア神話の主神ゼウスから

3 **キュプロスクロドフスカイト／銅スクロドフスク鉱**（コンゴ産）　▶5cm

2 **トーバナイト／燐銅ウラン鉱**（スペイン産）　▶1cm

4 **オーツナイト／燐灰ウラン鉱**（ドイツ産）　▶7mm

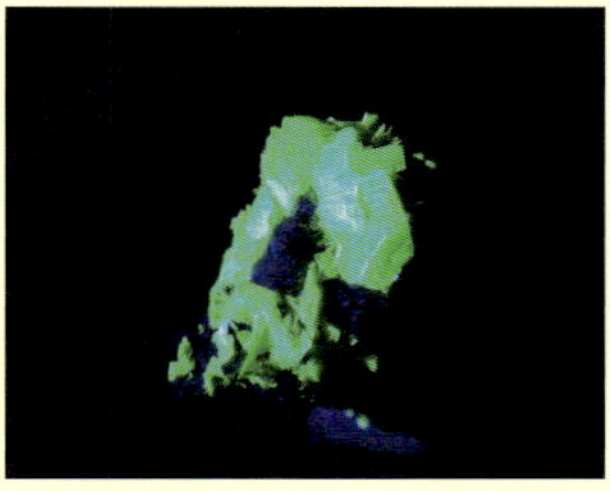

6 **長波紫外線で光る燐灰ウラン鉱**（ドイツ産）　▶7mm

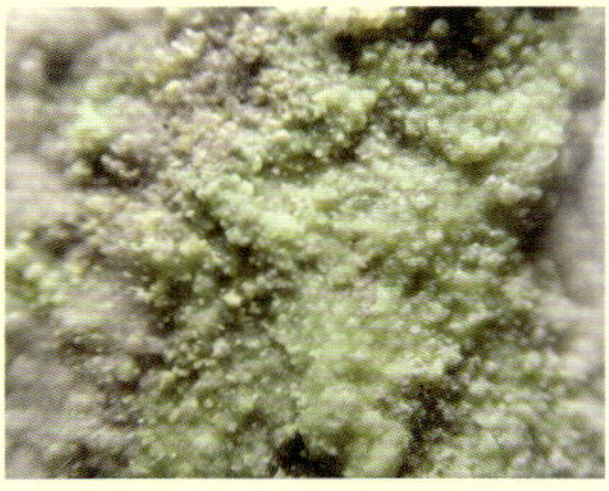

5 **アンダーソナイト／アンダーソン石**（アメリカ産）　▶5mm

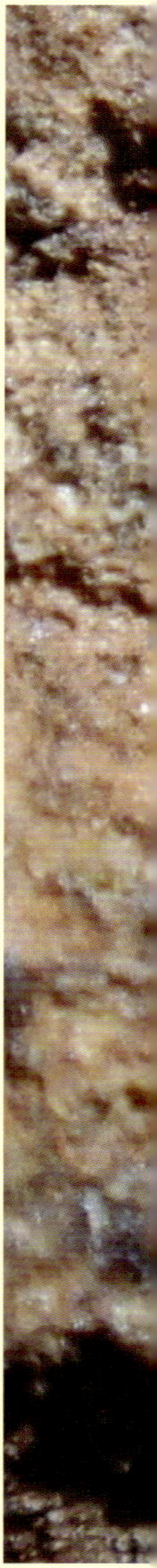

天然の原子炉

46億年という長い地球の歴史の中では、我々人《われわれ》間の考えが及《およ》ばないようなさまざまな大事件が起きています。それは超巨大《ちょうきょだい》な火山噴火《ふんか》だったり、隕石衝突《いんせきしょうとつ》だったりして、我々は現在まで残っている痕跡《こんせき》から原因をたどり、それがあったとしか考えられない、ということを突《つ》き止めるのです。

1972年にフランスが、アフリカ中部のガボンという国で採掘《さいくつ》していたウランの鉱床《こうしょう》の中に、20億年前の天然の原子炉《ろ》を発見したのも、そうした想像もしない自然現象のひとつでしょう。人工の原子炉で起こるのと同じ核分裂《かくぶんれつ》反応が、地中で10万年にわたって断続的に起こり続けていたのです。原子炉で使うウランは人間が濃縮《のうしゅく》して作ったもので現在は天然には存在しないのですが、遥《はる》か昔はそれが存在《そんざい》して、地下水などの条件が重なった結果、核分裂反応が起きたと考えられています。

ガボンの鉱山でどのような鉱物が採掘されていたのかはよくわかりません。しかし非常に高品位の鉱物だったそうで、やはり黒々とした初生鉱物（マグマや熱水から直接的にできた鉱物）ではないかと思います。今回紹介《しょうかい》しているウランを含《ふく》む鉱物は、初生鉱物がさらに自然の作用を受けてできた二次鉱物です。どれも美しいですが、資源《しげん》としての価値《かち》はどれほどあるのでしょうか？　ただ米国で採掘されている明るい黄色のカルノー石はウランを含む割合《わりあい》が高いので重要資源とされているようです。

キュリー夫人の鉱物

マリー・キュリーは夫とともに放射線《ほうしゃせん》と放射性元素の研究に心血を注ぎました。２人が研究に使ったのは、真っ黒なピッチブレンドというかたまり状の閃《せん》ウラン鉱という鉱物でした。ウラン元素が崩壊《ほうかい》してできるラジウムを初めて取り出し、放射性を確認《かくにん》したのです。パステルカラーの緑色をした燐銅《りんどう》ウラン鉱〈写真２〉も試したのですが、ピッチブレンドのほうが研究には都合よかったようです。もし燐銅ウラン鉱のほうがよければ、夫妻も少し華《はな》やかな気持ちで研究を進められたかもしれませんね。

彼女《かのじょ》の名前は、旧姓《せい》の「スクロドフスカ」からとって、その業績をたたえるかのようにとても美しいウラン鉱物、銅スクロドフスク石〈写真３〉につけられています。

ウランはカラフル

ウランはかなりの量が地球上に存在していて、ローマ時代には着色料としてガラス製品などに黄色などの発色に使われていました。今でも世界各地で見つかるウランを含む鉱物はカラフルで、砒銅《ひどう》ウラン鉱〈写真１〉や燐灰《りんかい》ウラン鉱〈写真４〉、アンダーソン石〈写真５〉などは独特の発色で、黄色から緑色をした美しさが目を引きます。

また花崗岩《かこうがん》によく含まれる燐灰《りんかい》ウラン鉱は、普《ふ》段《だん》は透明《とうめい》感のある黄色ですが紫外線《しがいせん》を当てると緑色に強く光る性質があって、小さくても存在感は十分です。

第39話 鉱物と産業遺産

キュプロタングスタイト

Cuprotungstite／銅《どう》重《じゅう》石《せき》

1 キュプロタングスタイト／銅重石

山口県山上鉱山産　▶結晶の幅7㎜

化学式	$Cu_3(WO_4)(OH)_2$
硬度	4–5
へき開	なし
光沢	ガラス
名前の由来	銅（キュプロ）を含むタングステンから

2 **銅重石**（兵庫県明延鉱山産）　▶1.5㎝

3 **スファレライト／閃亜鉛鉱**（秋田県産）　▶結晶の幅5㎜

4 **スファレライト**（秋田県産）　▶結晶の幅3㎜

5 **ウルフェナイト／モリブデン鉛鉱**（福井県産）　▶1㎝

産業遺産として

兵庫県の明延《あけのべ》鉱山（養父市）では、かつて一円電車という列車が走っていました。山の反対側に位置する神子畑《みこばた》選鉱場とをつなぐ列車で、乗客数を確認《かくにん》しやすいよう運賃《うんちん》を1円にしたのだそうです。ここは東洋一の錫《すず》鉱山といわれ、当時は行き来する関係者の人数も多かったのでしょうが、1983年に閉《と》じられました。現在も地元の自然学校が鉱山跡《あと》を守っています。かつて益富《ますとみ》地学会館での巡検《じゅんけん》で見せてもらった坑道《こうどう》内には、鉱山にあわせた一点物の重機や巨大《きょだい》なダンプカーが残っていて、東洋工業（現・MAZDA）などのネームプレートもそのままに、鉱山産業の技術の集積を知ることができました。

周辺にはズリも残っていて、許可を得ての採集は楽しいものでした。特に銅重石は鮮《あざ》やかな緑が美しく、〈写真1〉で使った山口県産には及《およ》ばないものの、たくさん見つけることができました〈写真2〉。また鉄重石《てつじゅうせき》や斑銅鉱《はんどうこう》もここのズリで目立つ鉱物でした。

全国に鉱山跡が放置されている今、こうして地元と自然を愛する団体が産業遺産《いさん》としてこれを活用、紹介《しょうかい》するという活動は本当に意義深いことです。こうした鉱山開発の技術がトンネル掘削《くっさく》技術として転用されるなどして、戦後日本のインフラを下支えしたということを、未来の世代へ語り継《つ》いで欲しいものです。

文化財として

特に明治以降《いこう》、日本は富国強兵のかけ声のもとでヨーロッパから技術者や研究者をたくさん招き、全国で鉱山開発を進めました。神子畑選鉱場の近くにも、そうした技術者の一人であるフランス人技師ムーセが住んでいた洋館が残っていて、県の重要有形文化財となっています。銅鉱物や亜鉛鉱物のスファレライト〈写真3、4〉で有名な秋田県の阿《あ》仁《に》鉱山跡にはドイツから来た医師メッケルの邸宅《ていたく》があって、こちらは鹿鳴館《ろくめいかん》の先駆《さきが》けともいわれ、国の重要文化財になっているほどです。

　これらは単に建物を保存《ほぞん》しているのではなく、鉱山や郷土《きょうど》の資料館的な役割《やくわり》を果たしています。たとえば有名な生野銀山（兵庫県朝来市）では、旧鉱山街に鉱山の幹部職員の住宅《じゅうたく》などがたくさん残っていて、ボランティアのガイドさんが丁寧《ていねい》に内部を案内し、歴史や文化を教えてくれたりします。

産業遺産活用の難しさ

福井県の中竜《なかたつ》鉱山は白山《はくさん》山系の山中にあった大きな亜鉛鉱山でした。亜鉛の他にもモリブデンを出していて、ここのモリブデン鉛鉱《えんこう》〈写真5〉はコレクションにぜひひとつは持っておきたいところです。1987年の閉山《へいざん》後、鉱山は体験型の鉱物博物館として活用されていましたが、2006年にはそれも残念ながら閉鎖《へいさ》されてしまいました。鉱山跡は長年にわたって私《わたし》たちの文化と歴史を支えてきた証ですから、課題は多いでしょうがなんとか維持《いじ》し、公開して伝承していくような試みを期待します。

6 森の中で廃墟となった鉱山施設（石川県）

第40話 あなたの「都道府県の石」は？

スティブナイト

Stibnite／輝《き》安《あん》鉱《こう》

1 スティブナイト／輝安鉱

愛媛県市ノ川鉱山産　▶結晶の長さ2㎝

化学式	Sb_2S_3
硬度	2
へき開	1方向完全
光沢	金属
名前の由来	ギリシア語の「スティビ（アンチモン）」から

3 **サニディン／玻璃長石**（和歌山県産）　▶中央の結晶の長さ1.5㎝

2 **アーセニック／自然砒**（福井県産）　▶2㎝

4 **アキシナイト／斧石**（大分県産）　▶3㎝

6 **日本の代表的な資源だった黒鉱は秋田の「県の鉱物」に**（秋田県産）　▶8㎝

5 **カルセドニー／そろばん玉石**（京都府産）　▶5㎝

都道府県の鉱物発表

2016年、鉱物愛好者が待ちに待った「県の石」が、日本地質学会から発表されました。都道府県ごとに名産と呼《よ》べる岩石、鉱物、化石を指定したのです。「県の花」や「県の鳥」などがあるのに、今まで石がないほうが不思議なくらいでした。とは言えまだまだ都道府県の鉱物について は知る人ぞ知る、という感じなので、ひとりでも多くの人に知ってほしくて、ここでもその一部を紹介《しょうかい》したいと思います。

輝安鉱《きあんこう》は愛媛《えひめ》県の鉱物。明治時代に市ノ川鉱山から世界的に例をみないほど美しい巨大《きょだい》な結晶《けっしょう》がたくさん出て、今でも主要な自然系《けい》博物館にはその時のものが飾《かざ》ってあります。写真の標本は私《わたし》の手元にある小さなものですが、百数十年を経て今も輝《かがや》いてくれています。

世界的名品といえば、輝安鉱のように派手《はで》ではないのですが、金属のヒ素がそのまま金平糖《こんぺいとう》のような姿《すがた》で見られる福井県の自然砒《しぜんひ》〈写真2〉もそのひとつです。採集直後は輝安鉱と同じような輝きですがすぐに変色して地味になってしまうのです。

バラエティに富んだ石が選出

和歌山県南東部の小さな町、太地はクジラ・イルカ漁で有名ですが鉱物の名産地でもあります。県代表になったサニディン〈写真3〉もそのひとつ。熊野《くまの》酸性岩の岩脈が風化して、サニディンの結晶がはずれるので、土砂の中から見つかるのです。太地町では他にも、すぐ近くのクジラ博物館裏《うら》の磯《いそ》で、銅鉱物であるパラアタカマ石が見られます。

一方、花崗岩と石灰岩《せっかいがん》が接触《せっしょく》する部分に生まれるスカルンという岩石中の鉱脈を掘《ほ》っていた大分県の尾平《おびら》鉱山では、亜鉛《あえん》などの金属とともにさまざまな鉱物が見られました。その中の斧石《おのいし》が県の鉱物に選ばれました。その名の通りその結晶が斧《おの》の刃に見えるでしょうか。むしろ斧でかち割《わ》られた木の切り口のように見えませんか〈写真4〉。

山形県は小国町で見つかるそろばんの玉のようなカルセドニーが県の鉱物に選出されましたが、私は持っていないので掲載《けいさい》するのは京都府産〈写真5〉です。そろばん玉石と呼《よ》ばれ、日本海側によく見られるのが特徴《とくちょう》です。

「県の石」で土地柄がわかる

本書でこれまで取り上げてきた鉱物にも県の鉱物に選定されたものがあります。滋賀県はトパーズ。これも世界的名品で当然の選出だと思います。大阪のドーソン石も名品ですし、ジャパニーズツインは山梨県と長崎県の2県に選ばれました。

またヒスイについては、「ヒスイ輝石《きせき》岩」として新潟県の「県の岩石」に指定され、さらにその4カ月後に「ヒスイ及《およ》びヒスイ輝石岩」として、国石に選定されました。

日本は地質的にとても変化に富んだ土地柄《がら》です。だから多種多様な鉱物が見られるのです。一度ご自分の出身県の鉱物を調べてみてはいかがでしょう。

第5章

十石十色

バナジナイト／バナジン鉛鉱（モロッコ産）

第41話

鉱物界の便利屋

カルサイト

Calcite／方解石《ほうかいせき》

1 **カルサイト／方解石**

鹿児島県串木野市(現・いちき串木野市産)
▶4 ㎝

化学式	$CaCO_3$
硬度	3
へき開	3方向完全
光沢	ガラス
名前の由来	ラテン語の石灰（カルキット、calcit)から

2 **最も普通のカルサイト**（愛媛県産） ▶20㎝

3 **犬牙状カルサイト**（愛媛県産） ▶結晶の高さ最大1㎝

4 **ピンクのアラゴナイト**（千葉県産） ▶結晶の幅3㎝

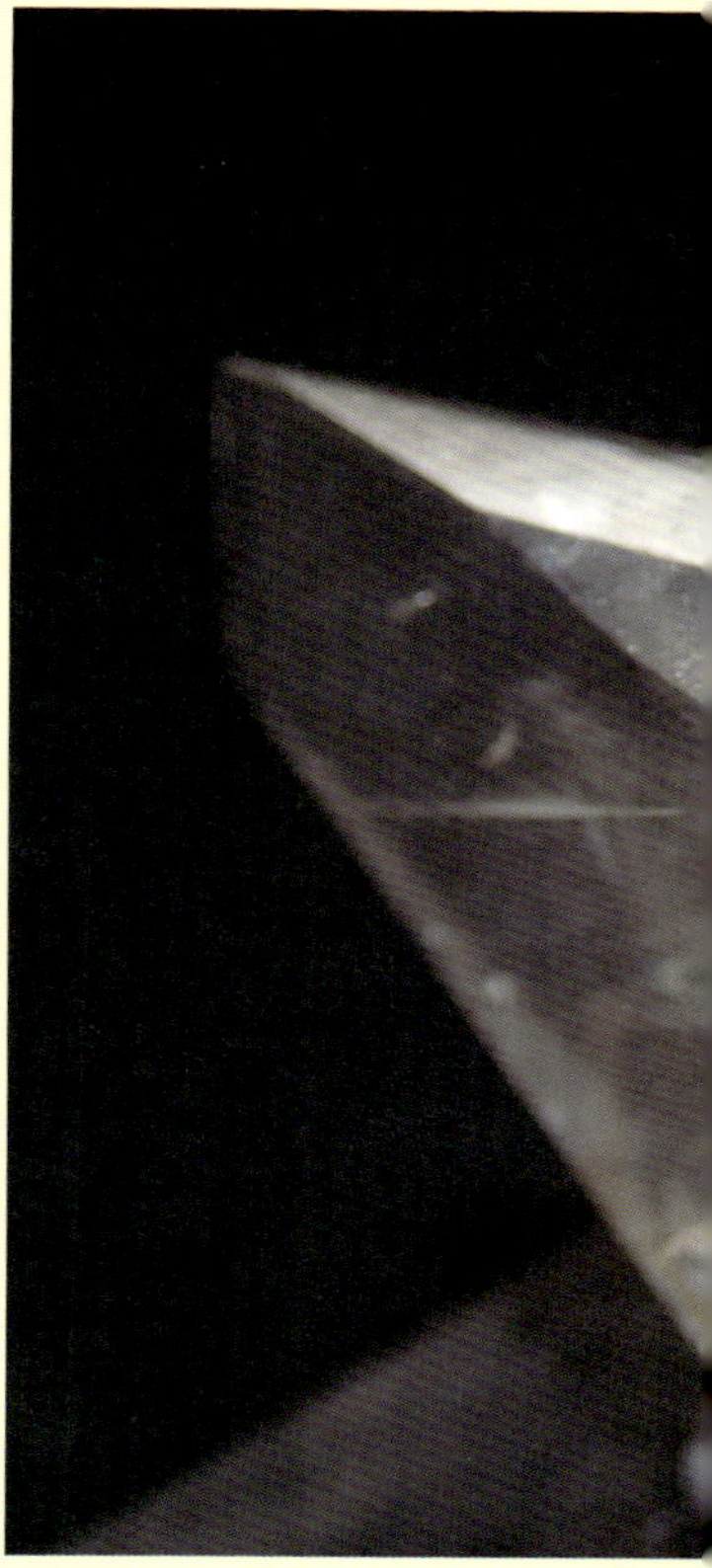

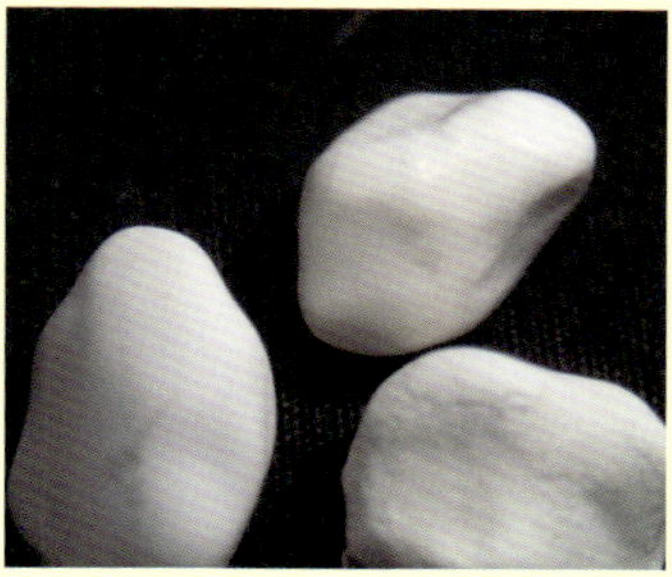

5 **洞窟真珠**（岡山県産） ▶２㎝

生物由来の鉱物

かつて地球は今よりずっと温暖《おんだん》で、サンゴがより広範《こうはん》に生息していた時期があったようです。そのころの海にはもしかすると今よりも生命にあふれていたかもしれません。サンゴ礁《しょう》が生命のゆりかごと言われて大切にされるのは、今も同じです。

それらの生き物の死骸《しがい》や海中の炭酸カルシウムの沈殿《ちんでん》で石灰《せっかい》岩が生まれます。それがプレートの動きにのって地下に引きずり込《こ》まれ、その後上昇《じょうしょう》してきたマグマに接触《せっしょく》した部分に、これまでに紹介《しょうかい》したスカルンという接触変成部が生まれ、多様な鉱物を生み出すのです。そして石灰岩は成分のほとんどがカルサイトからできています。カルサイトは世界中に存在《そんざい》し、石英（クォーツ）と並《なら》ぶ最もポピュラーな鉱物です。

形も色も用途もさまざま

〈写真1〉は、かつて世界的な金山だった鹿児島県の三井串木野《みついくしきの》鉱山で見つかったもので、2つの結晶《けっしょう》が蝶《ちょう》型にくっついている、私《わたし》お気に入りの標本です。カルサイトはとにかく形も色もバリエーションが豊富です。形でいえば犬の牙《きば》のような結晶（犬牙《けんが》状）〈写真3〉、釘《くぎ》の頭型（釘頭《くぎとう》状）をはじめ、葉っぱのような形から鍾乳《しょうにゅう》洞の鍾乳石などまであるのです。

また含《ふく》まれる不純物《ふじゅんぶつ》の影響《えいきょう》もあって本来の無色透明《とうめい》から白、ピンク、紫《むらさき》、黄色など色彩《しきさい》も多様です。その多様さにはベテランも石の判断に迷ってしまうほどだそうです。

石灰岩《せっかいがん》はセメントの原料として現在も全国各地で採掘《さいくつ》されており、大理石などの石材や鉄道のレールを安定させるバラス（砕石《さいせき》といいます）に使われているほか、カルシウムが主成分なので家畜《かちく》の飼料や食品添加物《てんかぶつ》などまで幅《はば》広い用途《ようと》があります。第二次大戦中は軍が使うプリズムを作るのに長野県で採掘していたこともあったそうです。透明《とうめい》なカルサイトを通過した光は複屈折《ふくくっせつ》し、下に置いた紙に書いた線や文字が二重に見える性質〈写真6〉を利用するのです。他にも同じ性質を持つ鉱物はありますが、手に入りやすいカルサイトが代表となっています。

私《わたし》は時に子ども達を集めて〝宝《たから》の石ワークショップ〟というようなイベントを開催《かいさい》するのですが、その時もカルサイトのこの性質が役立ちます。

6 カルサイトの複屈折で下に敷いた文字が二重に見える ▶3㎝

鉱物をお土産に

また同質異像《どうしついぞう》の鉱物としてアラゴナイト（あられ石）があり、化学的にはカルサイトと同じ成分です。石川県珠洲《すず》市の恋路《こいじ》海岸や千葉県銚子《ちょうし》市の長崎《ながさき》鼻《ばな》では、ピンク色の上品で大きなアラゴナイトの結晶〈写真4〉が見られ、これは大人にも人気の存《そん》在《ざい》です。

また海外の方が日本土産として重宝《ちょうほう》する真珠《しんじゅ》も、核《かく》になる物質の周りにアラゴナイトが付着したものです。第31話でも書いた布賀《ふか》の鉱山で、真っ白いつるつるの球を採集したことがあります。これは洞窟《どうくつ》真珠〈写真5〉と呼《よ》ばれ、真珠と同じ炭酸カルシウム、つまりアラゴナイトの珠《たま》なのです。

第42話

かつて貝だった鉱物たち

アラゴナイト

Aragonite／あられ石（アンモナイト化石）

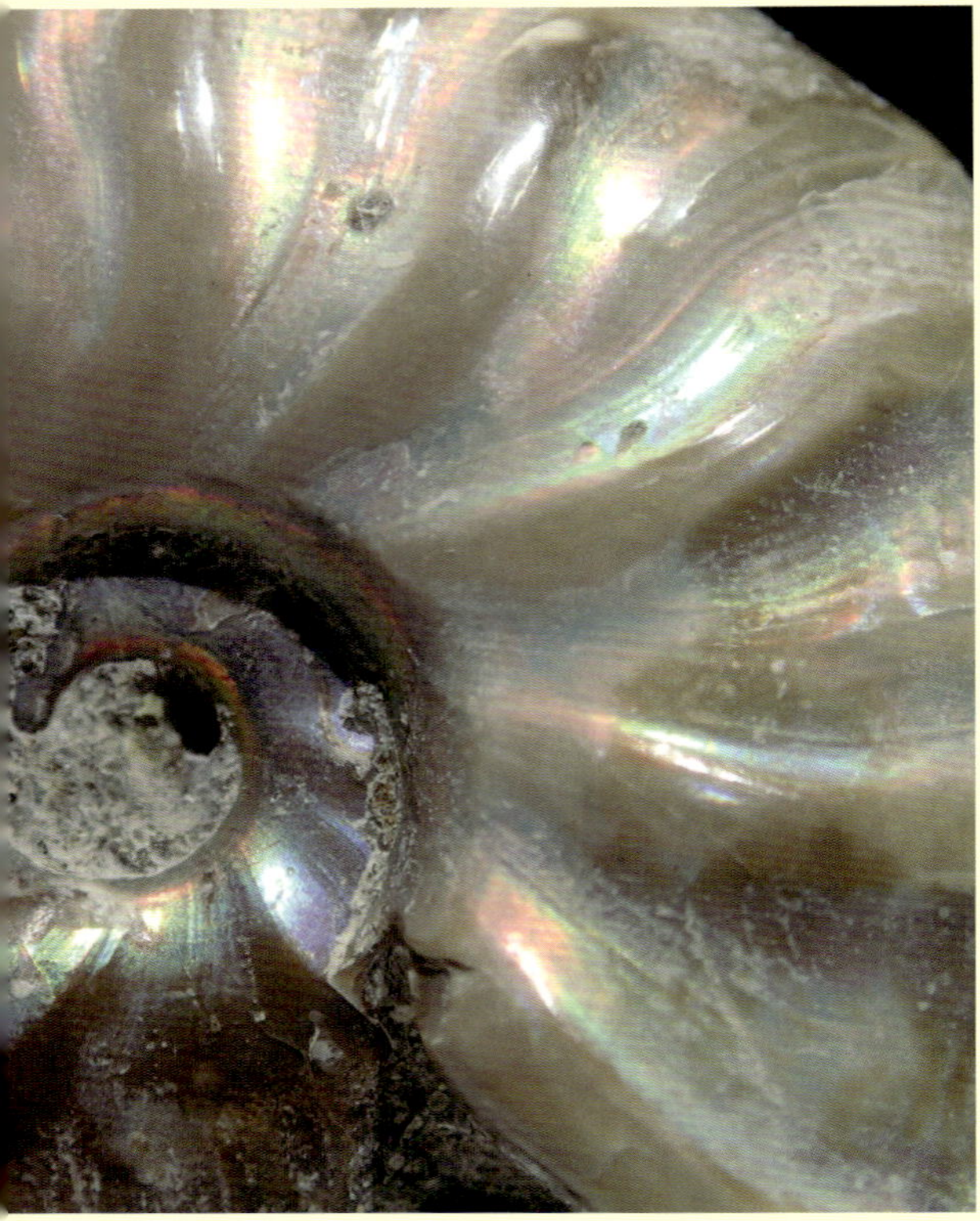

1 アラゴナイト／あられ石

マダガスカル産　▶3㎝

化学式	$CaCO_3$
硬度	3.5–4
へき開	1方向完全
光沢	ガラス
名前の由来	産地のひとつであるスペイン、アラゴン州にちなむ

3 メノウ化した巻貝化石
▶貝の高さ2㎝

2 カルサイト化した二枚貝（千葉県産） ▶10㎝

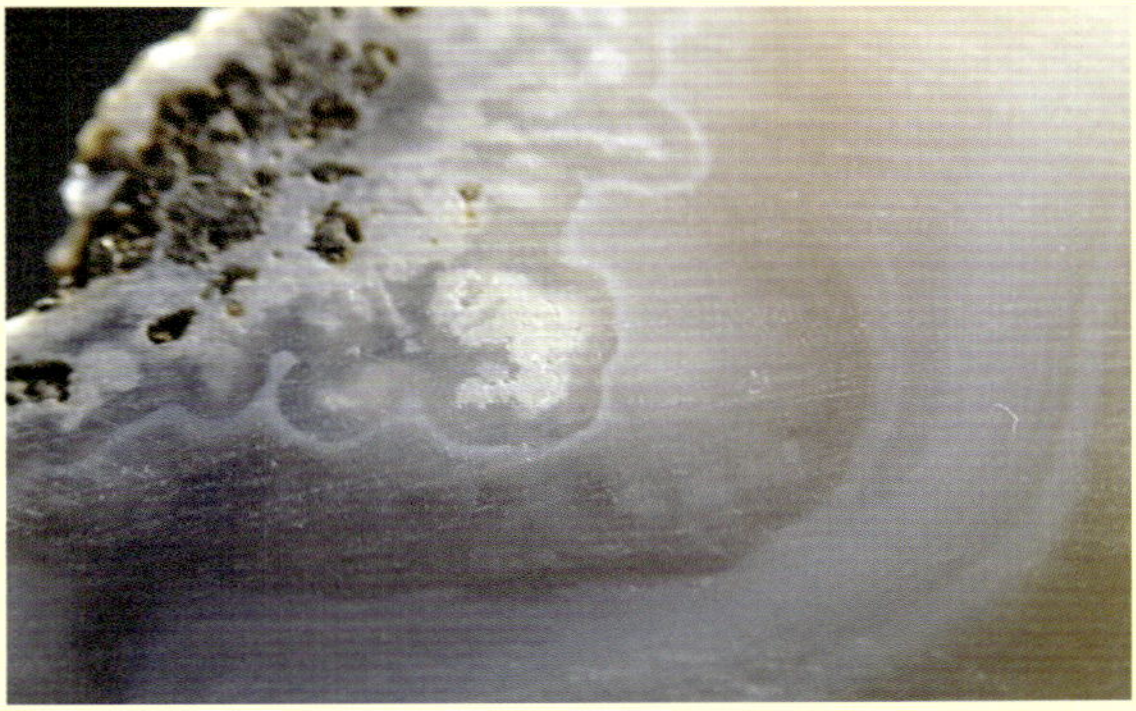

5 カルセドニー／玉髄（岐阜県産） ▶3㎝

6 カルセドニー（山梨県産、自然遊学館蔵）
▶3㎝

4 アゲート化したとげのある巻貝化石
（モロッコ産） ▶貝の高さ4㎜

そして石になる

長い長い年月、それこそ気の遠くなるほどの年月を経て、太古の生物は化石となって我々《われわれ》の前に姿《すがた》を現してくれます。中にはシーラカンスの一種のように数億年前からいた〝生きた化石〟もいますが、大部分は骨格《こっかく》や足跡《あしあと》を地層《ちそう》に残すのみとなるか、遺骸《いがい》が石（鉱物）化しています。カチンと割《わ》った石の中から貝や植物の化石が出てきただけで、宝探《たからさが》しも成就《じょうじゅ》した気分になるものです。またこの貝や植物が生きていたころの海の底や地上はどんなだったのかと、想像するだけで楽しいものです。

しかし単に石化するだけでなく、美しく華麗《かれい》な変身を遂《と》げるものも少なくありません。このところアフリカ南東部の島国・マダガスカルからもたらされるクレオニセラスという1億3500万～1億2000万年前に生きたアンモナイトの化石は、殻《から》の表面がアラゴナイトやキチン層に覆《おお》われているので反射光《はんしゃこう》が干渉《かんしょう》しあい、虹《にじ》色に輝《かがや》くイリデッセンス効果を発します。その虹色は遠目にも美しく、宝飾《そうしょく》品としても人気です。

月のお下がり

第41話でカルサイトとアラゴナイトは同質異像《いぞう》の鉱物だと説明しましたが、やはり化石にも2種類存在《そんざい》します。二枚《まい》貝がその形とごく一部の破片《はへん》を残してカルサイトの結晶《けっしょう》になった場合〈写真2〉は、黄色味を帯びたカルサイトに透明感があって素敵です。

一方、カルサイトやアラゴナイトではなく、メノウ（アゲート）化した巻貝《まきがい》〈写真3、4〉にも面白いものがあります。岐阜県では、今は地球上から絶滅《ぜつめつ》しているビカリアという巻貝が古くから有名で、江戸《えど》中期の石の収集《しゅうしゅう》家、木内石亭《きうちせきてい》も1767年に産地を訪《おとず》れたといいます。また江戸後期には「月のお下がり」とかわいい愛称《あいしょう》もらって親しまれていたようです。また、ビカリアは貝殻の表面に角のような突起《とっき》物がたくさんついていて、そうした姿のアゲートもあります。

一方、ツリテラという巻貝の化石がメノウ化したものはツリテラアゲートと呼《よ》ばれ、母岩ごとつるつるに磨《みが》かれて宝飾品として売られているのを目にします。いずれにしても貝がメノウに変わるなんて運のいい奴《やつ》らだなあ、と思ってしまいます。

石英のバリエーション

メノウはもとをただせば石英（クォーツ）と同じ鉱物で、二酸化ケイ素でできています。ただ自形結晶がほとんど確認《かくにん》できないほど微細《びさい》な潜晶《せんしょう》質といわれる性質があり、縞模様《しまもよう》になることが多いのです。縞模様になっていないものはカルセドニー（玉髄《ぎょくずい》）と呼ばれます。

カルセドニーは不純物《ふじゅんぶつ》によってさまざまな色があり、一部にメノウのような縞模様を持つもの〈写真5〉や、オレンジ色、緑色（クリソプレーズ）、赤色など多様です。さらに内部の空洞《くうどう》に水晶《すいしょう》が結晶していたり〈写真6〉、液体が入っていたりして、その多様性は人を飽《あ》きさせません。

第43話
触れることを許さない繊細さ

モルデナイト

Mordenite／モルデン沸石《ふっせき》

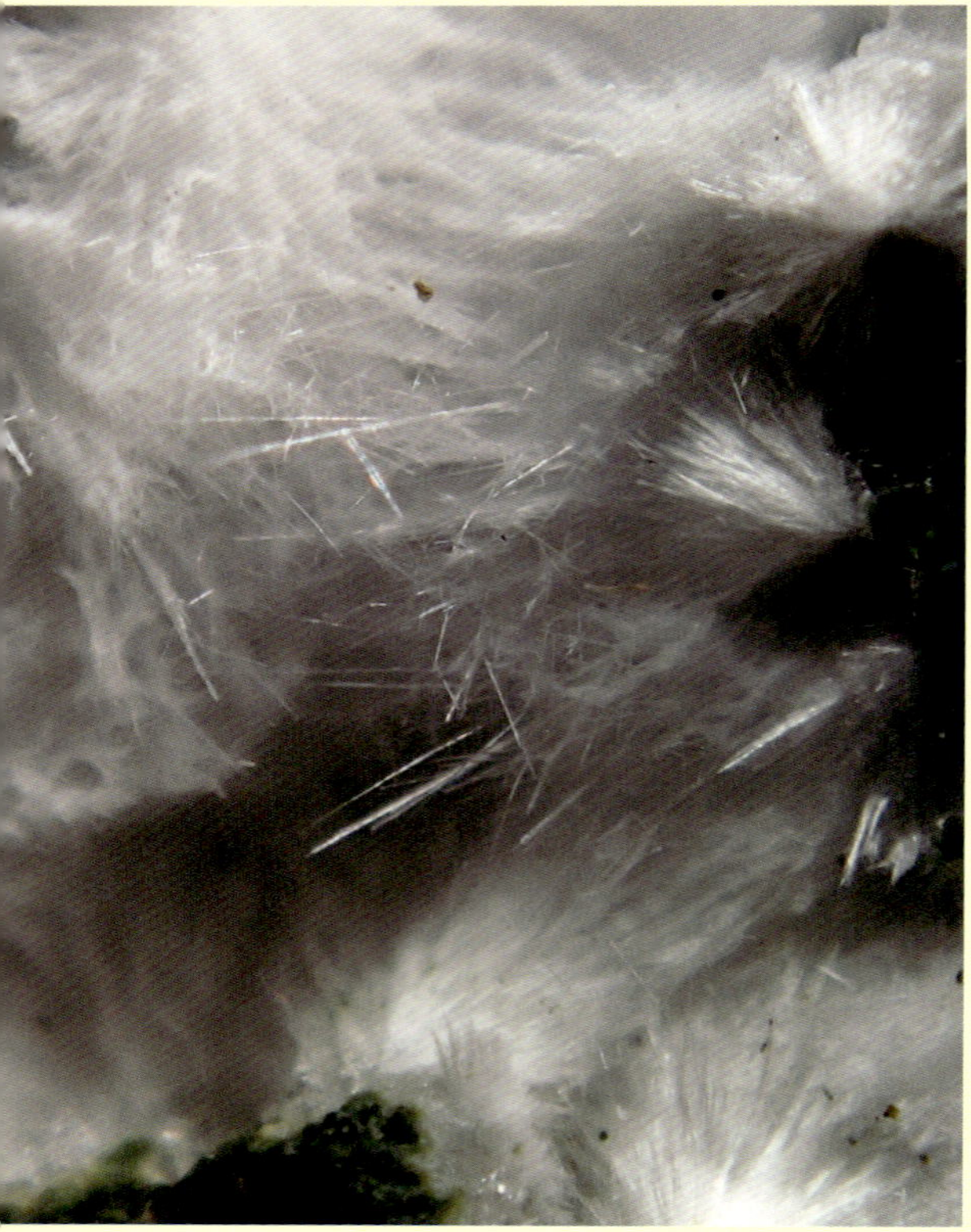

1 モルデナイト／モルデン沸石

静岡県河津町産　▶1㎝

化学式	$(Na_2,Ca,K_2)_4Al_8Si_{40}O_{96}\cdot 28H_2O$
硬度	3–4
へき開	１方向完全
光沢	絹糸
名前の由来	カナダの産地モルデンから

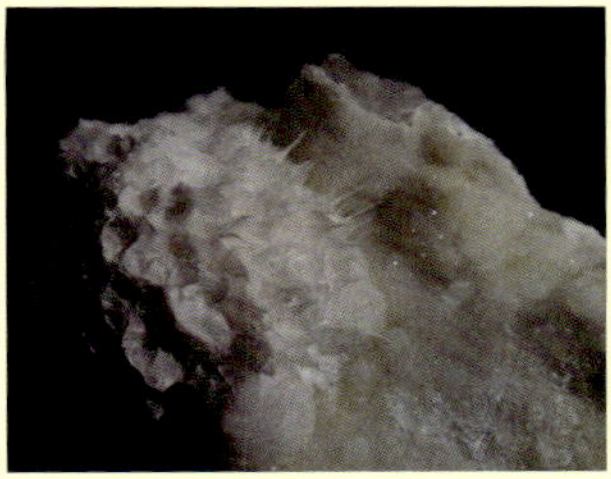

3 オーケナイト／オーケン石（インド産）　▶5㎝

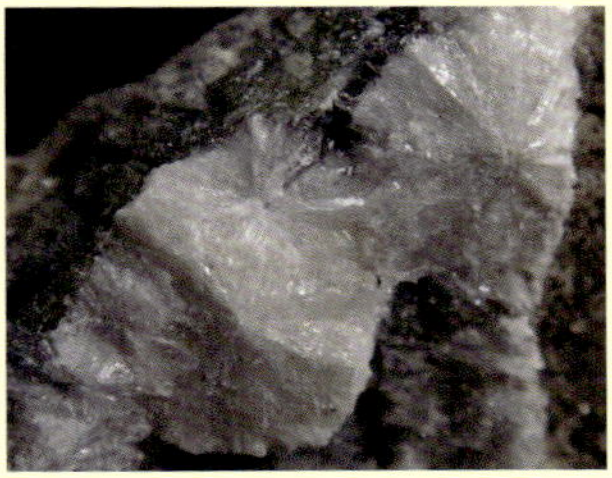

2 ハイドロマグネサイト／水苦土石（群馬県産）　▶7㎜

4 ジェムソナイト／毛鉱（愛知県産）　▶5㎜

6 蛇紋岩中に見られる繊細なアスベスト（和歌山県産）　▶3㎝

5 毛鉱（マケドニア産）
▶5㎜

触るな危険？

世の中には、触《さわ》ってはいけないものがたくさんあります。高圧電線や一部の劇薬《げきやく》、熱いフライパンも触ると大やけどですね。「触るな危険《きけん》！」というわけですが、一方で鉱物界には柔《やわ》らかすぎて触ってはいけないものがあります。ここでは、触ると危険なのは人間ではなくて、鉱物のほうなのです。

その代表選手がモルデン沸石《ふっせき》〈**写真1**〉。「羽毛のように」などと表現されますが、本当の羽毛なら手で触っても問題ないでしょう。モルデン沸石の場合は、さっと指が触《ふ》れただけでパラリとばらけて散ってしまうほど脆《もろ》いのです。日本で一番の産地は静岡県伊豆《いず》半島の海岸で、干潮《かんちょう》時にしか採集できないうえ、少しでも水に濡《ぬ》れたらアウトです。可憐《かれん》な花びらが濡れてぺちゃんこになるので、採集には本当に気を使います。

さらに持ち帰るのも一苦労です。食品を冷蔵《れいぞう》保《ほ》存《ぞん》するために使うタッパーに入れ、周りに綿を詰《つ》めて固定してリュックの底に詰め込《こ》むという気の使いよう。しかも通常は、採集した鉱物は自宅《じたく》で水洗《あら》いしたり汚《よご》れをエアで飛ばしたりするのですが、針《はり》より細い結晶《けっしょう》が密集《みっしゅう》した中に小さな土くれが入り込んでいても取り出すことができません。空気で飛ばそうとしても、強すぎるとはらはらと散るのは土くれではなくモルデン沸石のほうなのです。

繊細な鉱物たち

もはや赤ん坊《ぼう》あつかいの〝モルデンちゃん〟で

すが、他にも繊細《せんさい》な体を持った石はいます。群馬県の蛇紋岩《じゃもんがん》地帯で採集していて見つけた水苦土石《すいくどせき》〈写真2〉がそれです。モルデン沸石ほど繊細ではないのですが、薄《うす》くペラペラの可憐な結晶が集まった部分はとてももろく、他の武骨《ぶこつ》な（?）鉱物たちと一緒《いっしょ》にできるものではありません。群馬から大阪への道のりが本当に遠く感じました。

いっぽう海外の代表は、オーケン石〈写真3〉でしょうか。鉱物研究家の堀秀道《ほりひでみち》氏は「触るとウサギの背中《せなか》のようだ」と、著書《ちょしょ》の中で書いています。そろーっと触られたのでしょうか、「オーケン石に限って、そっとさわるくらいは大丈夫《だいじょうぶ》」とも書いてあります。このオーケン石は、モルデン沸石や水苦土石と違《ちが》って、魚眼石《ぎょがんせき》や方解石《ほうかいせき》、ギロル石、水晶《すいしょう》などを引き連れていることが多いので、一層華《いっそうはな》やかな存在です。それらの鉱物の上に真っ白く丸いフワフワの花が咲《さ》いたようなオーケン石は、いっそう引き立ちます。

鉱物界の「毛」

こうしたか弱い鉱物の中で、忘《わす》れてはならないのが「毛」のような存在《そんざい》、その名も毛鉱《もうこう》〈写真4、5〉です。鉛《なまり》と鉄、アンチモンという実にこわもての金属からなるのですが、これもフワフワしています。

特に毛鉱の成分から鉄が抜《ぬ》けたブーランジェ鉱などは、同じようなところに見つかるので見分けがつかないという残念さもあります。いずれにしても「鉛のように重く」、「鉄のように硬《かた》く」といった文学的表現とはほど遠い軽やかな存在です。

第44話

ローモンタイト

お肌も沸石も潤いが大切

Laumontite／濁沸石《だくふっせき》

1 ローモンタイト／濁沸石

岡山県矢掛町産　▶結晶の高さ3㎝

化学式	$CaAl_2Si_4O_{12}\cdot 4H_2O$
硬度	3–4
へき開	3方向完全
光沢	ガラス
名前の由来	フランスの鉱物学者ローモン氏から

2 **オパール／蛋白石**（エチオピア産）　▶3㎝

3 **オパール**（福島県産）　▶4㎝

4 **コキンボアイト／コキンボ石**（チリ産）　▶2㎝

5 **ボーナイト／斑銅鉱**（兵庫県産）　▶3㎝

潤いが必須

我々《われわれ》人間の体は70%近くが水分で、水分だけは生きとし生けるものがみな必要とするものです。近年の地球温暖《おんだん》化のためか、毎年熱中症患者《ねっちゅうしょうかんじゃ》が増えていますが、この一番の対策《たいさく》もやはり水分補《ほ》給《きゅう》です。ところが一見、水に縁《えん》のなさそうな鉱物の世界でも潤《うるお》いが欠かせない種類があるのです。

花崗岩《かこうがん》を切り出す石切り場では、時折岩石の中に空洞《くうどう》があいていて結晶《けっしょう》鉱物が密集《みっしゅう》している部分が見つかります。岡山県のとある石切り場では、水晶《すいしょう》や長石（フェルスパー）とともに立派《りっぱ》な濁沸石《だくふっせき》〈写真1〉がたくさん見られますが、これが曲者《くせもの》です。許可を得て持ち帰っても、水につけておかないとやがてボロボロに崩《くず》れていくのです。放っておくと最後には白い粉末となってしまうから厄介《やっかい》です。

硬《かた》い花崗岩の岩盤《がんばん》に開いた空洞に、マグマの残液として残った水が閉じ込められて湿気《しっけ》を保っているそうです。

6 粉々になってしまったローモンタイトの脈（岡山県産）▶40㎝

石切り場を見学させてもらった折に、たまたま濁沸石の脈が出てきたのですが、すでにマグマの残り水は抜けていてありませんでした。そこでタッパーなどに入れて保存《ほぞん》していますが、いくつかは気がついたら水が干上《ひあ》がっていて、薄《うす》い肌《はだ》色で半透明だった結晶が白いチョークのようになって崩れている、という失敗もありました〈写真6〉。

同じように乾燥《かんそう》に弱いのがオパール〈写真2、

3〉です。こちらは鉱物自体の存亡《そんぼう》に関わるわけではないのですが、オパールの命である虹色《にじ》（遊《ゆう》色《しょく》効果）が失われることがあるのです。すべてがそうではありませんが、水につけて保存する必要のあるオパールは多いのです。

水濡れ厳禁！

ところが逆に、水にやたら弱い鉱物もあるのです。誰《だれ》もがよく知っているのは岩塩でしょう。塩が鉱物なのかと思うかもしれませんが、立派な鉱物です。世界各地に巨大な鉱脈があるのですが、塩なので水に溶《と》けてしまうのです。ですから湿度《しつど》の高い日本に岩塩の大鉱脈はありません。またコキンボ石〈写真4〉という菫《すみれ》色の可憐《かれん》な鉱物も、鉄と硫酸基《りゅうさんき》からなる丈夫《じょうぶ》そうな成分なのですが、水に溶《と》けます。また北海道生まれの上国石《じょうこくせき》も、マンガンと硫酸基に水分子がついた鉱物ですが、やはり水には弱いのです。

酸素が大敵

見つけた時は美しいのに、空気に触《ふ》れると色が変わってしまう、そんな鉱物も少なくありません。代表格は銅の資源《しげん》として大切な斑銅鉱《はんどうこう》〈写真5〉でしょうか。最初は赤銅色の銅鉱物らしい色ですが、一日で紫《むらさき》色に変色します。これはさびなのだそうです。他にも緑マンガン鉱は、割《わ》った石の中に含《ふく》まれている時はエメラルドグリーンでも、すぐに黒変してしまいます。

第45話

見た目も用途も変幻自在

ヘミモルファイト

Hemimorphite／異極鉱《いきょくこう》

1 ヘミモルファイト／異極鉱

大分県木浦鉱山産　▶3㎝

化学式	$Zn_4(Si_2O_7)(OH)_2 \cdot H_2O$
硬度	5
へき開	2方向完全
光沢	ガラス
名前の由来	結晶の形が不揃いな様子を意味するヘミモルフィズムから

3 **異極鉱**（富山県産）
▶4cm

2 **異極鉱**（滋賀県産）
▶10cm

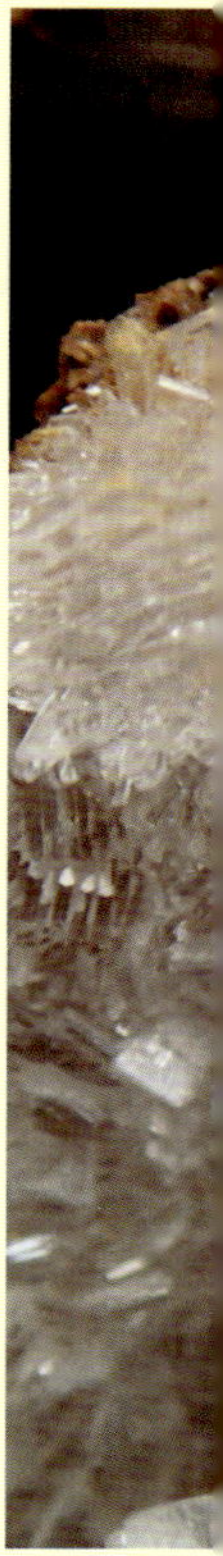

4 **スファレライト／閃亜鉛鉱**（アメリカ産、自然遊学館蔵）　▶2cm

6 **もこもこしたスミソナイト／菱亜鉛鉱**
（メキシコ産、自然遊学館蔵）　▶3cm

5 **レグランダイト／レグランド石**
（メキシコ産）　▶結晶1.5cm

不透明《ふとうめい》で黒光りしているか、銀白色か。ずっしり重くて冷たい――金属の大まかなイメージはそんなところでしょうか。ところがこれまでにもいくつか紹介《しょうかい》してきたように、金属鉱物でも可憐《かれん》で透明《とうめい》なものがあって、全てが重厚長大ではない、そんなことを思わせてくれるのが亜鉛《あえん》を主成分とする異極鉱《いきょくこう》です。

亜鉛の華

石英成分でもある二酸化ケイ素の働きでしょうか、私《わたし》は異極鉱の透明感やシャープさが、数ある同様の鉱物のなかでも一番だと思っています。そしてとても金属鉱物だと思わせないその姿にいつもほれぼれしてしまいます。

「異極鉱」という名前は、結晶形の上下や左右が対称的になっている鉱物がほとんどの中で、上下の結晶形《けっしょうけい》が違《ちが》う形をしているところから名づけられています。これを異極半面像と呼《よ》び、それだけでも珍《めずら》しさは満点ですが、繊維《せんい》のような結晶が放射《ほうしゃ》状に集まってザラメのような集合体〈写真2〉になっているものや、緑色のぶつぶつ状のもの〈写真3〉など変化にも富んでいます。中国からは一時期、人工着色かと思わせるほど水色の鮮《あざ》やかな異極鉱が出回って、まるでソーダ飴《あめ》みたいだと思ったこともありました。

鉱物界の何でも屋

亜鉛という金属は、トタン板のメッキや電池、化粧品《けしょうひん》、医薬品、合金など幅《はば》広い用途《ようと》がありますが、自然界でも変幻《へんげん》自在です。もっとも資源《しげん》として重要な閃《せん》亜鉛鉱ひとつとっても、真っ黒なものから緑色、赤い透明感のあるもの〈写真4〉など同じ鉱物とは思えないくらいバリエーションが豊富です。そもそも英名の「スファレライト」という名前じたいが「だまし屋」といったような言葉が語源《ごげん》なのだそうです。

また異極鉱は、カラミンと呼ばれてもともと地表近くにあったので古代から利用されてきました。銅と亜鉛を混ぜて作られる黄銅（真鍮《しんちゅう》）のことを、ローマ時代の人々は「カラミンブラス」と呼んでいたといいますから、人類とのおつきあいも金、銀、銅並《な》みに古いもののようです。

個性的ラインナップ

さて亜鉛鉱物の姿《すがた》に話を戻《もど》しますと、個性的なラインナップが存在《そんざい》します。メキシコが主産地で、かつては岡山県新見市の鉱山跡《あと》でも見つかったレグランド石〈写真5〉は、独特の黄色をした珍《ちん》鉱物です。同じメキシコからは、アダム鉱というオシャレなメンバーもいて、しばしば地味選手の代表である褐鉄鉱の中にレモンイエローや緑色の花を咲《さ》かせています。

まだまだあります。菱《りょう》亜鉛鉱（スミソナイト）〈写真6〉は重要な亜鉛鉱物ですが、もこもこしているうえに、紫《むらさき》から緑まで多彩《たさい》です。珪《けい》亜鉛鉱は亜鉛鉱物にしては見かけが地味ですが、紫外線《しがいせん》を当てると濃《こ》い緑色に輝《かがや》くという〝特技〟があるのです。特に栃木県などで見つかる国産のものは肉眼ではわかりづらく、ブラックライトを使って紫外線を当てて初めてその存在がわかるほどなのです。

第46話

目にも鮮やかなアイスブルー

カバンサイト

Cavansite／カバンシ石

1 カバンサイト／カバンシ石

インド産 ▶1.5㎝

化学式	$Ca(VO)Si_4O_{10}\cdot 4H_2O$
硬度	3-4
へき開	良好
光沢	ガラス
名前の由来	化学成分の元素名の頭文字を並べたもの(詳細は本文)

2 ペンタゴナイト／ペンタゴン石（インド産、自然遊学館蔵）　▶1㎝

4 デクロワザイト／デクロワゾー石（フランス産）　▶5㎜

3 モットラマイト／モットラム石（フランス産、自然遊学館蔵）　▶5㎜

6 バナジナイト／バナジン鉛鉱（モロッコ産）　▶2㎝

5 黄色い土のようなデクロワザイト（富山県産）　▶5㎝

万人を魅了する青色

「色」だけに美しさも〝いろいろ〟あるのは当然のこと。何色を美しいと思うかは、民族や文化の違《ちが》い、いや個々人の好みのレベルにまで下がってくるでしょう。とはいえ、多くの人が美しさを共有できるものがあるとしたら、バナジウムを含《ふく》む一群の鉱物もそれに入るのではないでしょうか。

カバンシ石は、カルシウムとバナジウム、シリコン（ケイ素）でできているのでその頭文字をつなげたという比較《ひかく》的安直な名前ですが、初めてショップで見かけたときは、その繊細《せんさい》な結晶《けっしょう》と透《す》き通ったブルーの姿に胸《むね》がときめいたものです。いや、その前に作り物かと思ったほどでした。きれいで精巧《せいこう》なガラス細工か、プラスチック細工か。20年以上も前、カバンシ石がたくさん出回り始めたころのことだったと思います。

ただ、その頃《ころ》は比較的安く手に入ったような記《き》憶《おく》があるのですが、このごろは人気のせいか産出が減ったのか、ややお高くなった気がします。

ちなみにカバンシ石の原産地はアメリカ・オレゴン州ですが、今出回っているものはほとんどがインド・デカン高原にある都市プーナ（プネー）近郊《きんこう》で産出する標本です。プーナは避暑《ひしょ》地であり、緑に覆《おお》われた学術都市で「インドのオックスフォード」とまで呼《よ》ばれる美しい土地だといいます。そんな土地ならではの美しさだというのは考えすぎでしょうか？

お値段は乱高下

カバンシ石と同じ成分、そっくりな色で結晶構造が違う同質異像《いぞう》の鉱物にペンタゴン石〈写真2〉があります。私《わたし》は毎年ゴールデンウィーク冒頭《ぼうとう》に開催《かいさい》される大阪ミネラルショー「石ふしぎ大発見展《てん》」を楽しんでいますが、ある時インド人バイヤーが「ヤスイヨ！　ペンタゴナーイト！」と威《い》勢《せい》よく声をかけてきたので購入《こうにゅう》しました。このカバンシ石の兄弟鉱物は、結晶が五角形だから名づけられたというこれまた安易な感じの命名なのですが、やはり美しい。白い沸石《ふっせき》の上に咲いているので一層《いっそう》引き立つのです。

何年か後に、同じ人かどうかはわかりませんがインド人バイヤーの出しているブースをのぞくと、「ヤスイ」はずのペンタゴン石の値札《ねふだ》にゼロが1つ増えているではありませんか！　やはり人気がでたのでしょうか？　近年はあまりこのバナジウム兄弟を気に留めないのでどうなのかわかりませんが、鉱物の値段《ねだん》も人気や採れ具合で乱《らん》高下するようですね。

日本では地味

バナジウムの鉱物は国内ではあまり華々《はなばな》しいものは見かけません。モットラマイト〈写真3〉は形容しがたいモスグリーンとモコモコした姿《すがた》が独特ですが、国産のものは薄《うす》い膜《まく》状で面白くありません。その兄弟鉱物であるデクロワザイト〈写真4〉はシャープで透明《とうめい》感抜群《ばつぐん》の結晶も魅力《みりょく》ですが、これも国内産は残念な姿が多いようです〈写真5〉。

一方モロッコやメキシコでよく見つかるバナジン鉛鉱《えんこう》〈写真6〉はとても光沢《こうたく》が強い赤色の発色が魅力です。

第47話

電気を生み出す不思議な鉱物

トルマリン

Tourmaline／電《でん》気《き》石《せき》

1 スコール／鉄電気石

福島県石川町産　▶結晶長7㎝

化学式	$NaFe_3Al_6(BO_3)_3Si_6O_{18}(OH)_4$
硬度	7–7.5
へき開	なし
光沢	ガラス
名前の由来	スリランカ・シンハラ語の「トルマリ（トルマリンとジルコンの混合物）」から誤用された

3 **エルバイト／リチア電気石**（アフガニスタン産）　▶結晶2cm

2 **ウォーターメロン・トルマリン**（茨城県産）　▶結晶2.5cm

6 **ユーバイト／灰電気石**（ブラジル産）　▶結晶1cm

5 **ドラバイト／苦土電気石**（ネパール産）　▶結晶3cm

4 **菊花状に結晶が集合した見事な鉄電気石**（大分県産）　▶4cm

電気が生まれる

トルマリン（電気石《でんきせき》）を加熱したり力を加えて変形させたりすると、電気が発生するのだそうです。なるほど、それで「電気石」か。しかし私《わたし》は元来、棒状《ぼう》の結晶《けっしょう》鉱物が大好きなので、そんな乱暴なことをして標本が壊《こわ》れでもしたら泣くに泣けないので、実験したことはありません。自然科学的な態度ではないのかな？　と思う時もありますが、一介《いっかい》のコレクターなので好奇心よりも標本の安全が優《まさ》るのです。

トルマリンは静電気を帯びるので、かつてはチリ集めの道具だったなどという話もどこかで聞いた記憶がありますが、そんな巨大《きょだい》なものがあったのでしょうか？　それとも電気石をたくさん袋《ふくろ》か何かに入れて一気に加熱したとか？　チリを集めるくらいならわざわざトルマリンを使わなくても、という気もします。だってこんなに端正《たんせい》な姿《すがた》なんですから。

一般《いっぱん》に美しい鉱物と言えば、色鮮《あざ》やかで光輝《かがや》く透明《とうめい》感のあるものが思い浮《う》かぶと思いますが、黒光りのする福島県産のスコールの凛々《りり》しいたたずまいも大好きです。日本名では鉄電気石と呼《よ》ばれ、トルマリンの代表選手で、花崗岩《かこうがん》の中に見つけることができます。

スイカはお値打ち

とはいえ、国内でも何か所かは緑や赤の透明感のあるトルマリンの産地がありました（あくまで過去形です）。岩手県のとある海岸では、ブラジル産と見間違《みまちが》うほど美しいトルマリンが見つかったことがあって、外国船からこぼれたものが流れ着いたのか、などという話まで出たとか。

それとは比較《ひかく》にはならないでしょうが、やはり美しい標本が出た茨城県の産地では、外側が緑、内側が赤いウォーターメロン〈写真2〉と呼ばれるトルマリンもありました。紹介《しょうかい》しているものは数十年に私が採集したものですが、何となくスイカっぽく見えませんか？　これはリチア電気石（エルバイト）〈写真3〉と呼ばれる種類です。中央アジアやブラジルのものは透明感が見事です。

福島県の鉄電気石も非常に美しいし、大分県産の鉄電気石の結晶集合体は扇《おうぎ》〜放射《ほうしゃ》状の形〈写真4〉がすてきで、無数の結晶面がチカチカ輝きおめでたい趣《おもむき》すらあります。

結晶形アラカルト

トルマリンは棒状と最初に書きましたが、そればかりではありません。同属の苦土《くど》電気石は国内では針《しん》状のものしか採集したことはありませんが、ネパール産〈写真5〉は少し目を見張ってしまうほど太めの体形で、ややとがった頭を両端《りょうたん》に持っています。

またコロッとかわいいのがスリランカ原産のユーバイト〈写真6〉。トルマリンには他にも多くの仲間がいて、コレクションも楽しいのです。

第48話 鉱物見立て遊び

スタウロライト

Staurolite／十字石《じゅうじせき》

1 スタウロライト／十字石

ロシア産　▶結晶3㎝

化学式	$(Fe,Mg)_2Al_9(SiAl)_4O_{20}(O,OH)_4$
硬度	7–7.5
へき開	１方向明瞭
光沢	ガラス
名前の由来	ギリシア語の「スタウロス（十字）」から

2 **桜石**（京都府産）　▶結晶最大5㎜

3 **ウェーベライト／銀星石**(アメリカ産)　▶結晶4㎜

4 **正長石のカールスバート式双晶**（ブルガリア産）　▶結晶の幅4㎝

5 **ヘマタイト／鏡鉄鉱**（岩手県産）
▶結晶の高さ3㎝

十字架にしか見えない

鉱物の世界には、人工物か、自然が生んだものか、初めて見る人には見分けがつかないものがあります。第1章第2話のパイライトなど、黄金色の立方体の結晶《けっしょう》を見せると、必ず「どうやって磨《みが》いたんですか?」といった質問が返ってくるのです。今回の鉱物もそんなにおいがしますね。「十字架《じゅうじか》をあしらったアクセサリーでしょ?」本気でそう言う人がいても不思議ありません。

くっきりと十字を描《えが》く十字石《じゅうじせき》は、かつて西洋ではお守りとして使われていたそうです。特に4世紀以降《いこう》、十字架《か》がキリスト教徒の間で大切にされるようになったといいますから、相当古い話です。この十字形は第1章第5話で紹介した「双《そう》晶《しょう》」にあたるものです。普通は単独で結晶している鉱物がときおり双晶になりますが、十字石はむしろ単独の結晶のほうが少ないのです。他にも少し斜《しゃ》をかけてクロスしたX字のものもあって、どちらも自然のものとは思えないような仕上がりになっています。

石の中の桜の花

京都府産の鉱物で、世界中の鉱物愛好家が欲《ほ》しがる桜石《さくらいし》〈写真2〉。菊花石《きっかせき》や砂漠《さばく》のバラなど、その外観から花にたとえられる鉱物はたくさんありますが、これまたまるで花の化石のよう。6枚《まい》の花びらが開いたような姿《すがた》をしていて、中心に軸《じく》があるのもあります。本当はサクラの花びらは5枚ですが、そこはご愛敬《あいきょう》でしょうか。京都代表と言うより、サクラの国ニッポンを代表する鉱物かもしれませんね。
桜石は元々、宝石《ほうせき》にもなるアイオライトという鉱物です。その結晶が寄り集まったあと長年の間に雲母に変質して、このような姿になっています。他にも産地はありますが、形の良さは何といっても京都産です。

また星にたとえられている鉱物もあります。銀星石と呼ばれるウェーベライト〈写真3〉です。こちらは星に見間違《みまちが》えるということはなさそうですが、夜空に打ち上げられた大輪の花火という趣《おもむき》でしょうか。細かい針《はり》のような結晶が、放射《ほうしゃ》状に集合した姿です。

ゲーテの握手

よく「人が握手《あくしゅ》している」と譬えられるのが、正長石のカールスバード式双晶〈写真4〉です。この特徴的な双晶については、かの文豪《ぶんごう》にして自然科学者だったゲーテも研究ノートにそのスケッチ図を掲載《けいさい》し、双晶について考察を加えているほどなのです〈写真6〉。ちなみにカールスバートは、チェコ・ボヘミアの保養地です。

一方、人間が使う道具にたとえられるものとしてはこの鏡鉄鉱〈写真5〉が一番でしょう。赤鉄鉱のうちの見事に磨《みが》かれたような結晶面を持つものに使われる愛称《あいしょう》ですが、実際に鏡としても役立つほどの美しさです。

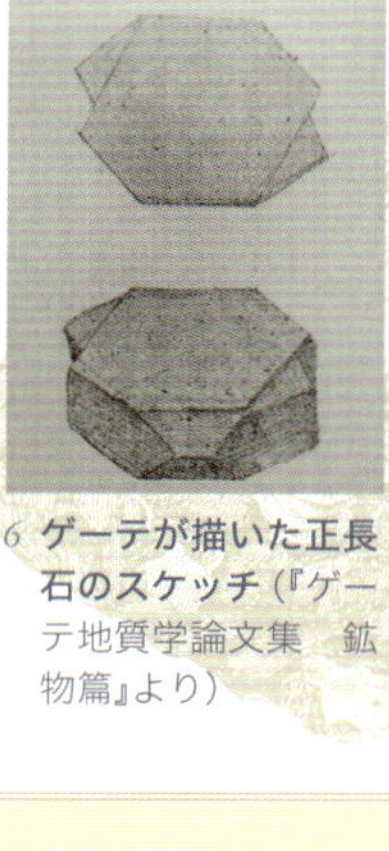

6 ゲーテが描いた正長石のスケッチ（『ゲーテ地質学論文集　鉱物篇』より）

第49話

子どもたちの「なぜ?」がつまっている

マグネタイト

Magnetite/磁鉄鉱《じてっこう》

1 マグネタイト/磁鉄鉱

長崎県産　▶結晶最大2cm

化学式	$Fe^{2+}Fe^{3+}{}_2O_4$
硬度	5.5–6
へき開	なし
光沢	亜金属
名前の由来	磁石(マグネット)から

2 砂鉄を大量に含む川尻海岸の砂（鹿児島県産）

3 シデライト／菱鉄鉱（アメリカ産、自然遊学館蔵）
▶1㎝

4 ピロータイト／磁硫鉄鉱（ロシア産）　▶結晶の高さ2.5㎝

5 キューバナイト／キューバ鉱（カナダ産、自然遊学館蔵）　▶結晶の幅1.5㎝

人気の秘密は

大人が宝石《ほうせき》に目を輝《かがや》かせるのは、もちろん美しいからなのですが、もう一つの大きな要素は〝値《ね》打ち〟、つまり資産的価値《かち》ではないでしょうか？　ところが子どもたちは違《ちが》います。きれいで高価な宝石よりも、暗闇《くらやみ》の中で紫外線《しがいせん》の光に浮《う》かび上がる石や、ハンマーでたたくと規則正しい形に壊《こわ》れる石などに惹《ひ》かれるのです。

そしてなかでも磁石《じしゃく》にくっつくという性質は、一番人気です。なぜくっつくのか、子どもたちはそんな原理は知ろうとも思わない。でも物事を習得する原動力は驚《おどろ》きや喜び、関心にあると思います。その意味で、磁鉄鉱《じてっこう》が磁石《じしゃく》に猛烈《もうれつ》な勢いで吸《す》いつけられる自然現象を、心の底から楽しんでくれるのは理想的だと思っています。

自ら磁鉄鉱を手にもって磁石に近づけてみる。磁性《じせい》の強いものだと飛びつくように磁石にくっつきます。その時に手に伝わる衝撃《しょうげき》、カチンという音。大人になってしまえばどうということはない自然現象。そんなものが自然や地球への子どもたちの関心を高めてくれるのだと思います。私《わたし》はワークショップなどではいつも、手持ちの標本が少々壊《こわ》れてもいいから思う存分触《ぞんぶんさわ》ってほしいと願っています。

日本社会を支えた

この磁鉄鉱が、古くから日本の社会を支えてきた、というのは大人でもなかなか知らないのではないでしょうか？　そう、たたら製鉄で使われる砂鉄《さてつ》〈写真2〉です。細かい磁鉄鉱が、それを含《がん》有《ゆう》していた岩石の風化で分離《ぶんり》し、河口などにたまっていきます。それをさらえて鉄を作る技術は特に日本海側で発達しました。古代には、日本の太平洋側や欧米《おうべい》では鉄鉱石が使われていたようで、特に欧州では菱《りょう》鉄鉱〈写真3〉をよく使っていたといいます。いずれにしても、古代に今のような強い磁石があったら砂鉄集めももっとスムーズだったことでしょう。

磁性の不思議

磁鉄鉱（砂鉄を含《ふく》む）ほど強いものはないようですが、同じ鉄鉱石の磁硫《じりゅう》鉄鉱〈写真4〉も磁性を持っています。この真鍮《しんちゅう》色の鉱物もくっつくとあって、またまた子どもたちの関心を惹くのです。「黒くないのに何で？」砂鉄の印象が強いせいでしょうか、磁力《じりょく》のあるものは黒いというイメージが子ども達にも定着しているようです。

実は銅鉱石の中にも磁性を帯びているものがあります。カリブ海の島国・キューバ共和国で見つかったその名もキューバ鉱〈写真5〉です。これは確かに成分に鉄が多く入っている鉱物です。しかし一番の銅鉱石でありキューバ鉱と一緒《いっしょ》に見つかることの多い黄銅鉱にも鉄が成分として入っているにもかかわらず、磁性はありません。鉄分の多い少ないの差なのかと少し不思議な気もします。

6 **磁鉄鉱（三角の結晶）を含む蛇紋岩は磁石（青）を引き寄せる**（和歌山県産）▶3.5㎝

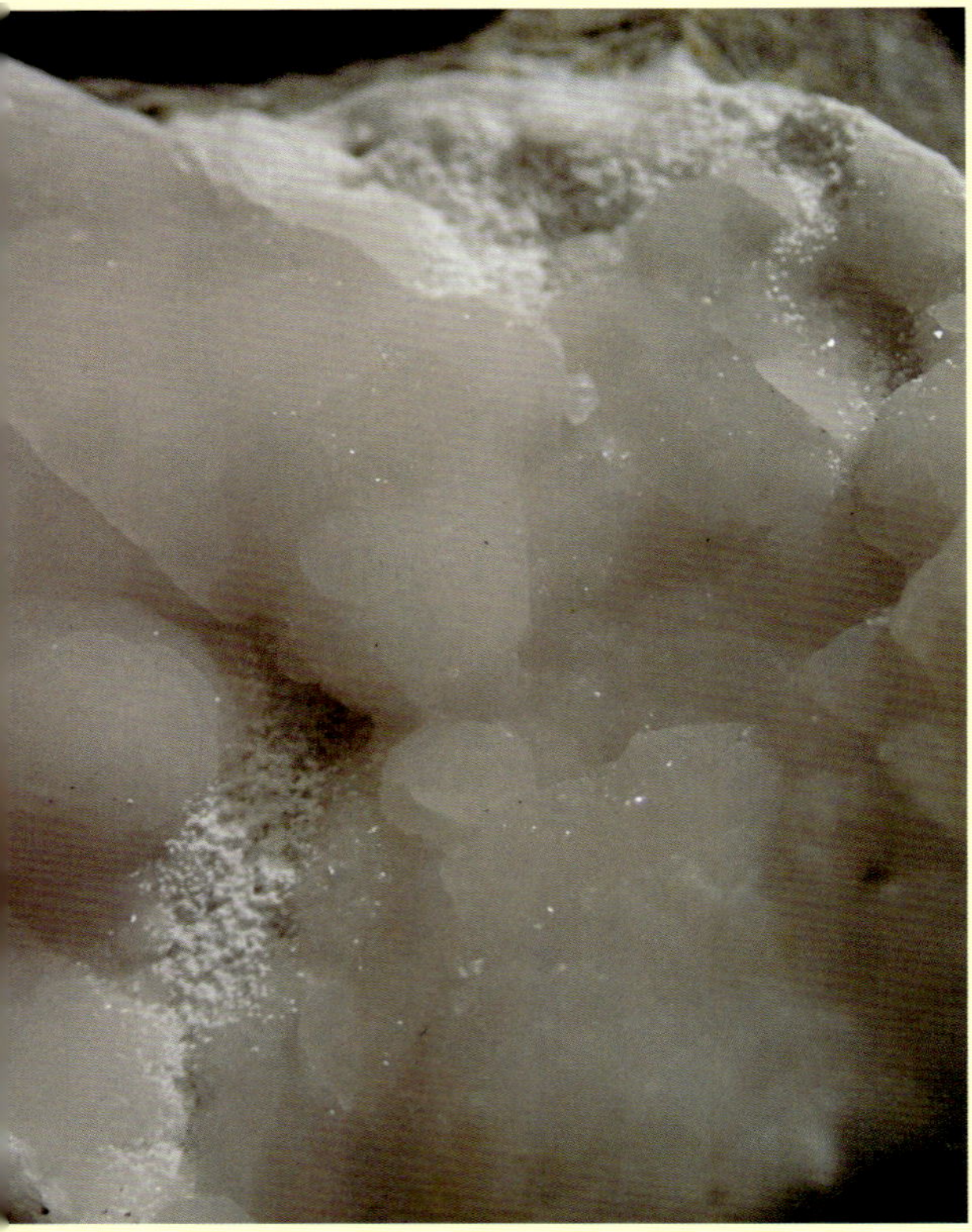

第50話 鉱物界の空に浮かぶ雲

ダトーライト

Datolite／ダトー石

1 ダトーライト／ダトー石

愛媛県槙野川産　▶5 ㎝

化学式	$CaBSiO_4(OH)$
硬度	5–5.5
へき開	なし
光沢	ガラス
名前の由来	ギリシア語の「ダテイスハイ（分割する）」から

3 **コニカルサイト／コニカルコ石**（山口県産）▶1㎝

4 **スミソナイト／菱亜鉛鉱**（メキシコ産）▶5㎝

5 **ヘマタイト／赤鉄鉱**（モロッコ産）▶3㎝

6 **ゲータイト／針鉄鉱**（スペイン産）▶7㎜

2 **シャープなダトー石の結晶**（静岡県産）▶2㎝

雲にも乗らむ

鴨長明《かものちょうめい》の随筆《ずいひつ》『方丈記《ほうじょうき》』には、当時の京都を襲《おそ》った数々の災害が記録されています。その中に、都が地震《じしん》で壊滅《かいめつ》して足の踏《ふ》み場もなく余震《よしん》も怖《こわ》いのに「龍《りゅう》ならばや　雲にも乗らむ」（龍でもあるまいし、雲に乗ることもできない）という記述があります。空を流れる雲の上へ避難《ひなん》できれなばな、ということでしょう。自然災害のうち続く昨今、身に染《し》みる記述ですが、さていったい龍が乗る雲とはどのようなものでしょうか？　私はいつも、もこもこした入道雲を思い浮《う》かべています。

そんなイメージにぴったりなのがダトー石です。〈写真1〉はその一種でボトリオ石とも呼《よ》ばれますが、シャープな結晶《けっしょう》のダトー石〈写真2〉とは違《ちが》い、薄《うす》い桃《もも》色のもこもこ姿のため新鉱物と思われて「ボトリオ石」の名がつきました。この産地では、安山岩という岩石の空洞《くうどう》の壁面《へきめん》にボトリオ石があり、上に魚眼石《ぎょがんせき》や方解石《ほうかいせき》など別の花形鉱物を乗せていることも多く、それが龍だか孫悟空《そんごくう》だかはともかくとして、その雲のような外観と存《そん》在《ざい》感になっているので大好きです。

色とりどりの雲

こうした、もこもこの外見は腎臓《じんぞう》状と呼ばれ、実は鉱物界では定番のひとつで、いろいろな鉱物がもこもこしています。銅の二次鉱物で有名だった山口県の喜多平《きたびら》鉱山の名物であるコニカルコ石〈写真3〉も、実に見事なもこもこです。しかしボトリオ石よりも寒色系の緑色で表面のつるつる感が持ち味なので、ずいぶん違ったイメージになります。
一方海外にもたくさんあります。中でも特に目を引くのはメキシコでたくさん取れる菱亜鉛鉱《りょうあえんこう》〈写真4〉。亜鉛《あえん》鉱物ですが、先に紹介した異極《いきょく》鉱《こう》と比べてもなおいっそう本当に金属鉱物なのか疑わしいような姿です。色もピンクや薄紫《うすむらさき》から緑、青、白まで多色で、それぞれ不純《ふじゅん》物として取り込《こ》んだ金属元素などの違いで変わるようですが、姿は圧倒《あっとう》的にもこもこなのです。

鉄の雲

硬《かた》い、冷たい、お堅《かた》い、などを表現するのに「鉄の○○」という言い回しが使われたりしますね。「鉄の女」（英国のサッチャー元首相のあだ名）、「鉄の雨」（太平洋戦争での沖縄地上戦）といった具合です。

一方、鉱物界には「鉄の雲」とでも呼びたくなる赤鉄鉱〈写真5〉があります。鉄資源《しげん》として重要な鉱物で、時にこうした硬質《こうしつ》な雲状になるのです。

さらにもうひとつ、文豪《ぶんごう》ゲーテにちなんで名づけられたゲータイト〈写真6〉という鉄鉱石があり、これも同じような腎臓状になることがあります。写真では虹《にじ》色が出ているので区別できますが、ヘマタイトとそっくりになることがあって、専門《せんもん》家《か》でも鑑定《かんてい》に手を焼くのだそうです。しかし何度も書きますが、この区別、見分けの難《むずか》しさこそがまた、鉱物の楽しみでもあるのです。

おわりに

私の自宅には現在、1500点に及ぶ鉱物・化石標本がうなっています。そして地元の貝塚市立自然遊学館では、公益財団法人益富地学会館のご協力を得て、寄贈標本の中から約100点を「近畿の鉱物」として常設展示していただいています。本書の執筆には、これらの標本を用いました。撮影はすべて、愛機のひとつでミクロ接写に強いオリンパス「スタイラス・タフTG–2」と「TG–5」で行い、新聞連載でご覧いただいたのとは一味違うように撮り直しました。いわゆる「図鑑」の枠にとらわれない大胆な接写もしています。

鉱物標本は、手に取って右から、左からさまざまに角度を変えて鑑賞するのが一番きれいです。結晶面がキラキラと光ったり、インクルージョンの虹色がついたり消えたり。博物館などの展示物は手に取ることができないので、首と体を動かして自分が角度を変えながら眺めることで、その美しさを味わうのです。

しかし写真はそうはいきません。本をくるくる動かしても、平面の中に鎮座している鉱物たちをキラキラと輝かせることはできませんから。そこで今回は、あちらこちらから光が当たって標本が一番きれいに見えるよう、卓上に3つのLEDスタンドを置いて撮影をしました。時にカメラの角度を変え、時に鉱物の角度を変え、また時にはライトの角度も変えながら、接写をしたり全体を撮影したり。こうして300点に近い標本を撮影するのは、まさに体力勝負でした。

果たして皆様に、私の思った通り、見た通りにお伝えできているか、きれいだと思っていただけるかと心配は尽きません。それでも、普段は私の部屋や地元の博物館の所蔵庫に眠っている標本たちを、皆さんに見ていただけたというだけで幸せだと感じています。

鉱物標本は、採集したもの、いただいたもの、購入したもの、そのどれもが大切な地球のお宝です。ひとつひとつに個性があって、同じ鉱物でも見た目はすべて違う。そんなことがお伝えできていれば、がんばって撮影した甲斐があったと思います。

文章から写真まで、丁寧に校正をしてくださった益富地学会館の石橋隆主任研究員と、標本やカバー写真の撮影にご協力いただいた貝塚市立自然遊学館のみなさんに心から感謝を申し上げて、筆を擱《お》き……いやパソコンを閉じます。

2019年8月30日

藤浦淳

❖主な参考文献・ウェブサイト

・『石　昭和雲根志』益富壽之助著、白川書院、1967年
・『カラー自然ガイド　鉱物　やさしい鉱物学』益富壽之助著、保育社、1974年
・『ポケット図鑑　日本の鉱物』益富地学会館監修、藤原卓解説、成美堂出版、1998年
・『楽しい鉱物図鑑１、２』堀秀道著、草思社、1992年
・『原色鉱石図鑑』木下亀城著、保育社、1957年
・『続原色鉱石図鑑』木下亀城・湊秀雄著、保育社、1963年
・『標準原色図鑑全集６　岩石鉱物』木下亀城・小川留太郎著、保育社、1969年
・『京都地学会会誌　創立30周年記念特別号』京都地学会、1978年
・『京都の地学図鑑』京都地学会編、益富壽之助監修、山崎外次ほか解説、京都新聞社、1993年
・『フィールドベスト図鑑　日本の鉱物』松原聰著、Gakken、2003年
・『東海鉱物採集ガイドブック』名古屋鉱物同好会編、七賢出版、1996年
・『ゲーテ地質学論文集　鉱物篇』木村直司編訳、ちくま学芸文庫、2010年
・『プロが教える鉱物・宝石のすべてがわかる本』下林典正・石橋隆監修、ナツメ社、2014年
・『賢治と鉱物』加藤碵一・青木正博著、工作舎、2011年
・産業技術総合研究所地質調査総合センター地質調査所月報
・「鉱物データベース」NariNari編、Webサイト「Trek GEO」https://trekgeo.net/index.htm
・mindat.org（海外の鉱物データベースサイト）
ほか多数

筆者が小学6年生の時に見つけたザクロ石。
この一粒がきっかけで鉱物の世界に。

著者略歴

藤浦淳 *Jun Fujiura*

1964年、大阪府生まれ。岡山大学文学部卒、大阪府貝塚市在住。1989年産経新聞社入社後、主に事件・事故・災害担当として大阪本社などで勤務。社会部デスク、和歌山支局長、文化部長などを歴任。小学校６年生から鉱物採集に目覚め、仕事のかたわらも断続的に続ける。2000年に公益財団法人・益富地学会館の門をたたき、以降主任研究員（当時）藤原卓氏の全面的な協力を得て鉱物に関する１面連載「鉱（いし）の美」（2006 ～ 2007年、13編）や、藤原氏の寄稿「鉱物（いし）の故郷」（2008 ～ 2010年、59篇）の編集を行う。2012年からは自著の夕刊連載「宝の石図鑑」を開始、７年間で238編を著す。現在は清風学園清風中学校・高等学校常勤顧問を務めるかたわら、益富地学賞審査委員、大阪大学総合学術博物館非常勤研究員、大阪経済法科大学客員教授、一般財団法人・防災教育推進協会理事、貝塚市教育政策アドバイザー、一般財団法人・貝塚市文化振興事業団理事ほか多数を兼任している。

鉱物語《いしがた》り
エピソードで読《よ》むきれいな石《いし》の本《ほん》

2019年10月20日　第1版第1刷　発行

著　者 ……………………………………………………
藤浦淳
発行者 ……………………………………………………
矢部敬一
発行所 ……………………………………………………
株式会社 創元社
https://www.sogensha.co.jp/
本社　〒541-0047 大阪市中央区淡路町4-3-6
Tel.06-6231-9010　Fax.06-6233-3111
東京支店　〒101-0051 東京都千代田区神田神保町1-2 田辺ビル
Tel.03-6811-0662
装丁・組版 ……………………………………………
寺村隆史
カバー・章扉写真 ……………………………………
山嵜明洋
印刷所 ……………………………………………………
図書印刷株式会社
©2019 FUJIURA Jun, Printed in Japan
ISBN978-4-422-44019-4 C0044 NDC459

〔検印廃止〕
落丁・乱丁のときはお取り替えいたします。

JCOPY 〈出版者著作権管理機構 委託出版物〉
本書の無断複製は著作権法上での例外を除き禁じられています。複製される場合は、そのつど事前に、出版者著作権管理機構（電話 03-5244-5088、FAX03-5244-5089、e-mail: info@jcopy.or.jp）の許諾を得てください。

本書の感想をお寄せください
投稿フォームはこちらから▶▶▶▶

◆ 創元社の石の本 ◆

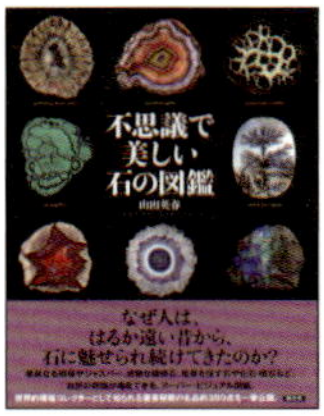

不思議で美しい石の図鑑
山田英春[著]
B5判変型・上製・176頁
◉定価(本体3800円+税)

インサイド・ザ・ストーン
山田英春[著]
B5判変型・上製・160頁
◉定価(本体3600円+税)

美しい鉱物と宝石の事典
キンバリー・テイト[著] 松田和也[訳]
B5判変型・上製・256頁
◉定価(本体4500円+税)

ひとりで探せる川原や海辺の
きれいな石の図鑑
柴山元彦[著]
四六判・並製・160頁
◉定価(本体1500円+税)

ひとりで探せる川原や海辺の
きれいな石の図鑑2
柴山元彦[著]
四六判・並製・160頁
◉定価(本体1500円+税)

こどもが探せる川原や海辺の
きれいな石の図鑑
柴山元彦+井上ミノル[著]
A5判・並製・160頁
◉定価(本体1500円+税)